佐々木雅英／根本香絵／池谷瑠絵

量子元年、進化する通信

丸善ライブラリー

まえがき

　私たちの住んでいる世界が、それまでのニュートン力学に代わって、量子力学という新しい原理によって動いているのではないか、と提案されたのは100年以上も昔のことです。しかし私たちの日常生活の中で、量子力学的な現象に出会ったとか、倍率の高い顕微鏡でのぞいたところ量子的な振る舞いが観察されたとかいったことは起こりません。そんなこともあって、量子は1世紀以上もの長い間「奇妙なもの」「難解なもの」「ふしぎなもの」などと考えられてきました。

でも人類はこれまで、自然界にあるさまざまな「ふしぎ」を解明し、その性質を制御可能にして暮らしに役立ててきました。もちろん制御できないものも、まだまだたくさんあります。たとえば私たちの生活を取り巻く気象、海流、月の満ち欠けといったものは、人間の力ではどうにもなりません。またこのように大きなものだけではなく、原子ひとつ、電子ひとつ、光子ひとつといった小さな世界を制御するのも、たいへん難しいことが知られています。

小さな世界の大きな応用分野と言えば半導体です。「ムーアの法則」という名で知られる「半導体チップの集積度は、およそ2年ごとに約2倍になる」という予言の通り、この半世紀、半導体とその関連技術は目覚ましい進化を遂げ、コンピュータや通信などの情報通信技術、すなわち「ＩＣＴ」を世界的に大きく発達させてきました。半導体とは、その名の通り導体と絶縁体の性質をあわせもつものです。その性質が、コンピュータに欠かせない素子としてミクロの領域で発揮される様子は、基本的には量子の世界そのものです。とくにナノメートルといったスケールでは、私たちの感覚が常識的に知っているような物質の性質に代わって、量子的な性質が顕著になります。半導体素子とは、半導体に現れる量子の不思議な性質を「量子効果」として部分的に使い、演算などの機能を実現しているものです。この意味では、量子はすでに、世界中でＩＣＴの一翼を担っていると言うこともできるでしょう。

しかし、これからおそらく本格的にはじまってくるであろう量子的な技術は、量子的な原理を部分的に使うのではなく、まさに量子的な原理を根幹に据えたものになるはずです。そして量子的な性質を非常に精密に制御可能にすることで、これまでは実現できなかったさまざまな利便性を生み出していくことでしょう。ちなみにこのような「量子的」な世界に対して、現在の技術標準を「古典的」といい、物理学における量子力学と古典力学（ニュートン力学）という区別に対応します。この大きな区分で言えば、いまのところ半導体を含めたほとんどすべての技術が、やはりまだ古典的なものだということになります。

このように21世紀前半に生きる私たちは、古典的な、しかしそれ以前の世界と比べれば格段にＩＣＴの発達した世界に生きています。インターネットが発達し、光ファイバーが張り巡らされ、あっという間に人々は日常的に通信機器を携帯するようになりました。グーグル、アマゾン、イーベイなどが有する大規模なデータや、人々が自発的に生み出す雑多なデータによって、ネットワーク上の情報は日々膨張し続けています。このデータという巨大な資産の利活用を巡って、いままさに「ビッグデータ」というキーワードで語られる情報活用時代が到来しています。

このような時代に量子が制御できるようになると、いったい、どんな使い途や利便性があるのでしょうか？　また量子を制御する技術の発達によって、ＩＣＴ関連の技術や産業はどう変化していくと考えられるでしょうか？　そして、この「量子」というまったく新しい技術は、これから私たちの生活にどんなふうに入り込んでくるのでしょうか？　本書はこのような問いに、照らす角度を変えながら、じっくり答えていきたいと思います。

本書の著者は、量子情報科学という学問的には比較的新しい分野で、世界的に活躍する2人の物理学者です。国立情報学研究所（NII）情報学プリンシプル研究系の根本香絵教授は、量子情報の理論研究で知られ、内外で開催される学会ではセッション・チェアを務めることも多い、国際的な理論物理学者です。そして情報通信研究機構（NICT）未来ICT研究所量子ICT研究室の佐々木雅英室長は、10年以上にわたり従来の伝送限界を超える量子通信や極めて安全な量子暗号の研究に取り組み、実験チームや研究プロジェクトを率いてきたリーダーです。ちなみに量子暗号のうち、理論的に絶対安全な通信を実現する「量子鍵配送」は、量子という性質を活用した技術のさきがけとして、世界で、日本で、いま実用化へと踏み出しつつあります。このふたりの考えやビジョンを、いわば通訳のように、池谷瑠絵がなるべくふつうの言葉で書き、伝えてまいります。

さて本書は、次のように構成されています。第一章では、私たちが生きる現在の情報化社会を支える技術に特徴があるとしたら、それは何かを考えます。近年のキーワードである「ビッグデータ」を例に読み解きながら、「ひとつひとつを制御する」という量子的な技術の特徴をまず簡単にご紹介していきます。

第二章では、主に、次世代の通信を実現していこうとする佐々木室長の考えを中心に、なぜ新しい通信が必要なのかを考えます。その課題を乗り越えるための展望を踏まえて、現在取り組んでいる有望な方法として「もうひとつのレイヤー」に注目します。この「もうひとつのレイヤー」について、第三章では量子力学と量子情報という側面から、より詳しく説明していきます。とくにムーアの法則を破るものとして知られる量子限界が、今日どのような意味を帯びているのかを見ていきましょう。

続く第四章では、情報理論に大きく貢献したクロード・シャノンの仕事を紹介しながら、今度は通信理論という側面から、現代へと連なる通信の発達の流れを概観します。そして第五章では、「量子鍵配送」という理論的に絶対安全な通信のしくみを解説し、量子暗号・量子通信研究の最前線について、佐々木室長が取り組む最新の課題をご紹介していきます。

最終章にあたる第六章では、主に根本の考えを中心に、これまでの章で明らかになった量子的な技術の特徴を踏まえて、より広いパースペクティブから科学と技術をとらえ、これまで量子コンピュータに代表されてきた量子情報科学という新しい分野について総括します。

ところで本書を執筆しはじめた、ちょうどその矢先に、グーグルが量子コンピュータを購入したというニュースが流れました。世界の最先端的企業が、量子という新しい分野へ大きな関心を示したことは、量子時代の到来がさほど遠くはないことを告げるようでもあります。そして量子的な技術が、いままさに、このような段階にあるのだという会話の中から、タイトルに関して、丸善出版編集部から『量子元年、進化する通信』という提案があり、著者一同これに賛成いたしました。本書を通じて、いままさに揺籃期にある科学技術を、一足早く実感していただければと願っています。

根本　香絵
池谷　瑠絵

目次

第一章 ビッグデータ時代の量子コンピュータ

●「ビッグデータ」とは何か？

最近よく「ビッグデータ」という言葉が使われます。この語が何を意味するかは、それを語る人によって違いがあって、研究対象なのかビジネスに使うのか、それぞれの立場や目的によってもとらえ方が若干違うようです。またよく考えてみれば、いまなぜ改めて「ビッグデータ」が時代のキーワードになるのか、と疑問に思う方もいるでしょう。ほんの少し前に「クラウド」というキーワードが登場して、プログラマーの間でよく「サーバー・クライアントとどこが違うんだ？」と話題になったのにも似て、「ビッグデータ」とよぶべき対象も、従来からあるネットワーク上の膨大なデータと、いったいどんな違いがあるのでしょうか。

そこでまず「ビッグデータ」を考えるにあたって、およその定義を確認しておきましょう。おもにビジネスの分野で一般的に考えられているのは、検索、電子商取引、ソーシャルメディアなどのウェブサービス分野において多量に生成・収集等されるデータの

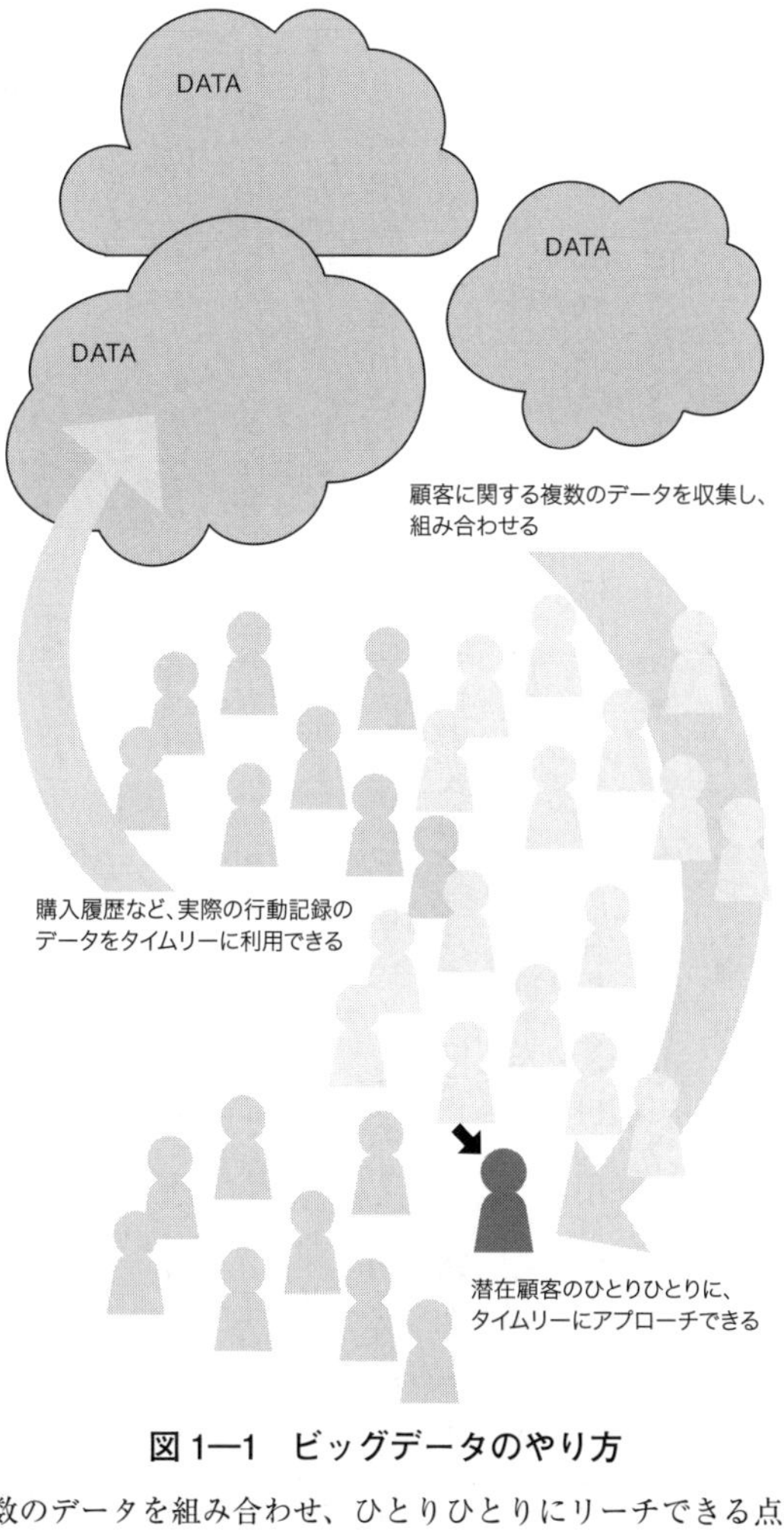

図 1—1　ビッグデータのやり方

複数のデータを組み合わせ、ひとりひとりにリーチできる点が特徴だ。

ことです。米国マッキンゼー・アンド・カンパニーのレポートによれば、量的には数十テラバイトから数ペタバイト（a few dozen terabytes to multiple petabytes）と見積もられています。

次に「ビッグデータ」とよばれる情報の具体的な中身ですが、近年のインターネットの拡張や情報機器の急速な普及を振り返れば、想像できないこともありません。社会の至るところで電子化・自動化が急速に進展し、人間が何もしなくても出来事が記録され、その情報が送信され、サーバなどに溜められていくしくみが構築されています。「アナログからデジタルへ」という時代の要請を受けて、図書館の書籍データがデジタル化されたり、科学・学術データ、気象データ、人口統計データのようなデータベースが一般に開放されたり、たとえば白書のような政府刊行物も再利用可能なかたちでウェブサイトで公開されるようになってきました。このようにしてウェブ上には機械が読むことができるように整理されたデータ、すなわち「構造化データ」がどんどん蓄積され、一般ユーザはウェブを通じて基礎データから専門性の高いデータまで、さまざまな構造化データを入手できるようになってきている現況があります。

さらに無線通信技術の発達により、首都圏を皮切りにモバイル環境が急速に拡大していきました。人々が生活の一部として、つねに携帯して使用するスマートフォンやタブレット端末などが急速に普及し、端末からリアルタイムに発信される個人の位置情報、利用履歴などのさまざまな情報が次々にサーバ上などに蓄積されていきます。個人がいつどこで交通機関を利用したか、どこで何を買ったか、といったデータは、ウェブ上で閲覧できるようなオープンデータとは違って、そのほとんどが個人が閲覧することなく、むしろ本人の知らないところで蓄積・利用されていくでしょう。そして近年のソーシャルサービスの定着と生活環境化の拡大により、利用者自らがネット上につぶやいたり、投稿したりする大量のテキスト・画像情報がネット上に溜め込まれていきます。このようにしてネットワーク上で膨大なデータが刻一刻と生成・流通・蓄積されていきます。

このように量的にも質的にもより多様化・巨大化したデータを、私たちはどう見て、どう理解したらよいのでしょうか。「ビッグデータ」という語には、このような今日的なデータの集合体へのある見方といったものが込められているように思われます。このことが、ひとつには先ほど見たように語る人の立場によって解釈に幅が生じるということになっているのではないでしょうか。そしてもう一方では、ひとりの人間が消費できる量をはるかに凌駕した、爆発する大量で多様な情報をどうするかといった、これまでのようなネガティブな視点に代わって、それぞれの立場や目的に応じて組み合わせて活用していこうと考える、利活用に対してポジティブな視点に転換しているところに、まずは特徴があるように思うのです。

●ビッグデータを可能にした技術

たとえばビジネスでビッグデータを利活用する場合を考えてみましょう。一般的な例として、顧客の購買意欲を調査し、意欲層へアプローチする場合、そのやり方にはどんな特徴があるでしょうか。

〈ビッグデータのやり方〉

(1) 顧客に関する複数のデータを収集し、組み合わせる

(2) 購入履歴など、実際の行動記録のデータをタイムリーに利用できる

(3) 潜在顧客のひとりひとりに、タイムリーにアプローチできる

では今度は、これまでのデータ取得のための調査方法や既存の統計データを使ったアプローチを振り返って、ビッグデータのやり方と比較してみましょう。

〈従来のやり方〉

(1) 年齢・性別・世帯特性などのさまざまな属性に分け、サンプル抽出する

(2) アンケートなどによる志向性調査の結果が利用できる

(3) 購買意欲のあるターゲット像へ広告コミュニケーションなどを行う

熟練や経験、カン、リスクテイクなどの志向性を含む暗黙知のほうが勝っていた時代

には、サンプルを抽出してそのデータにもとづいて分析し、対象についての知見を導き出すのがふつうでした。ビッグデータを活用する段階においては、それまで人間の判断の材料になっていた情報がすべてウェブやデータベースなどのつながれたネットワークから、非常に詳細にわたって取得できます。あるいはさらに「どこにいるか」という情報をリアルタイムに取得し、「これなら購入するかもしれない」といったところまで分析して、リアルタイムにフィードバックするような計算・解析もどんどん行われているだろうと考えられます。

またビッグデータの利活用は企業だけではなく、公的部門を含むあらゆる事業分野において重要な取り組み課題として推進されています。たとえば夫がリュックサックを、妻が圧力釜をネットで検索し、その子どもがウェブでボストン・マラソン爆発事件の記事を読みあさっていたら、数週間後、テロ容疑でその一家に警官が捜索にきた、というのは、2013年にニューヨーク州のロングアイランドで実際に起こった話です。ボストン・マラソン爆発事件の爆弾に圧力釜が使われていたことから、家族それぞれの検索行動が結びつけられ、容疑につなげられたものと考えられます。このようにビッグデータは、テロリストの摘発といった社会的なものから、自然災害の予測や異変の察知といった自然災害にかかわる危機管理まで、幅広く役立てることができます。平時においても交通渋滞を解消したり、省エネルギー化を進めたり、高齢化社会へ向けてより安全・安心な街づくりに活かすなど、よりよい社会の実現へ向けた利活用が見込まれています。

大量に蓄積されたあるデータと、また別のところでそれとは違う目的で集積されたデータを組み合わせて用いる、そこにビッグデータ時代の利活用の大きな特徴があります。このような新しい状況が生まれた背景にあるのは、当然のことながら、ICTの急速な発達と普及です。「ICT」とは、従来使われてきたITに代わり、これにコミュニケーション（通信）の「C」を加えた語で、「Information and Communication Technology（情報通信技術）」を指します。コンピュータが高速・大容量になり、計算力を駆使できるようになったこと。そしてクラウドやストレージなどの環境がそろってきたこと。そしてインターネットを支える通信インフラの性能向上・高速化・無線化・エリア拡張によってネットワークの高品質化・低価格化が進展したこと。このような条件がそろったために、ビッグデータの迅速かつ大容量な生成・流通・蓄積・分析、そしてなにより「利活用」が可能になってきたのです。

●個人にとってのビッグデータ

いまや世界の経済を活気づける牽引役ともなっているビッグデータ。ではこれを特徴づける技術的な革新性とは何でしょうか。たとえば、近年、アマゾンなどのショッピングサイトで、過去の購入履歴やインターネットの検索履歴などから計算して、何らかの商品を「あなたにおすすめ」などと提案してくる機会が増えました。こういった技術が可能になってきたＩＣＴの段階がまさにビッグデータです。

この技術の第一の特徴は、個々の人々を対象としており、つまり「あなた」を解析していることです。「あなたにおすすめ」を支える技術は、ユーザが属する住まいのエリア・年齢層・性別といったカテゴリー分けで「こういう層はこういう商品の購買傾向がある」という統計データをもとに提案しているわけではないことは確実です。「あなた」に製品やサービスを買わせたい企業が、それぞれ独自のやりかたでネットワーク上にある「その人」に関する大量の情報を集積・利用して個人個人を特定し、まさしく「あなた」へリーチしているのです。

このような情報操作を便利ととらえるか、不快と感じるかは、人によっても場合によっても異なるでしょう。受け取り方はいろいろでも、自分自身の行動に関する情報が、自分の知らないところに集積され、何ものか（機械の場合もあり人とは限りません）に捕捉されているからこそ、このようなサービスが提供可能になるのです。私たちはふだん、たとえば「去年の春分の日に何を買ったか」なんて覚えていないのが普通ですが、機械なら正確な時刻まで記録しておくことができます。うまく集められたデータは、ある意味で私よりも私を知っており、もしもその気になれば私に成り代わってしまう可能性がないとも言いきれません。さらに私に関するデータが、ある番号のもとに集められたらどうなるでしょうか？　見方によっては、２００２年以来「住民基本台帳ネットワークシステム」で問題になってきたことが、ゆるやかではあるものの大規模に起こっていると見ることもできます。

またこのような傾向がさらに進めば、その情報を利用する企業が「おすすめ」の範囲を拡大して、もはやネットワークの中だけではなく「あなた」の現実の生活空間へ進出してくる可能性もあります。たとえばセンサーつきの冷蔵庫を設置しておき、ミルクが切れたという情報をもとに宅配業者がミルクを売りに来るとか、エアコンのフィルターが汚れると感知して、エアコン洗浄の業者が来るといったようにサービスが拡大される未来は、さほど遠くはないかもしれません。

そのような生活を私たちはおそらくある程度便利だと思うと同時に、情報が個人の意志を越えて活用されすぎているのではないかと感じるかもしれません。またそのような社会への移行が不可避であるとしたらこれをどう考えるべきなのか、いろいろと議論の余地がある問題のように思われます。２０１３年は実際に、もし個人と結びついた情報を、国家が捕捉していたらどうなのかという問題を提起した年でもありました。アメリカの中央情報局（ＣＩＡ）と国家安全保障局（ＮＳＡ）の局員であったエドワード・スノーデンが、マイクロソフト、スカイプ、フェイスブックなどの主な米国ＩＴ企業が、国家からの情報提供依頼に協力していることを告発した事件は、記憶に新しいところです。またこのケースでも、一方では、通信傍受などによって集められた情報がテロなどの犯罪防止に活かされたり、容疑者捜索の手がかりとして役立つならば、自分は情報を提供しても構わない、むしろ活用してもらいたいと考える人もいることでしょう。

また個人情報を考えるうえでは、ゲノム情報を含めた医療情報も検討しておくべき情報のひとつだと言えます。購買行動などと同様に医療情報も、これからはまさに「あなた」の体質にリーチするような利活用がはじまってくるでしょう。そのよい面だけを考えるならば、ある確率で副作用を起こすといった統計データを参照していたこれまでとは違い、未来の社会では、ひとりひとりの性質に合った新しい医療が受けられるようになる可能性があります。このように「あなた」のデータの使い途は、まさに人類の肩にかかっていると言うことができるのです。

●ひとつひとつを制御する量子的な技術

ひとりひとりへとリーチする、ビッグデータ時代ならではの技術的な特徴は、ちょうど量子的な技術にもあてはまります。しかし物理の世界の話ですので、ターゲットになるのは人ではなくて、物質です。たとえば光を何かに使おうという場合、これまではある程度の量の光が束ねられている状態を対象とし、それが操作できるような技術が開発されてきました。ところが量子的な技術は、ぽつりぽつりと送り出される光の粒ひとつひとつを捉え、コントロールしようという、今までにはない新しさをもっているのです。

実際に光で情報を送りたい場合、ある程度大量の光を使って送るのならば、さほど難しくはありません。まず0と1の信号を間違いなく正確に送るために、これは0を構成する光、あれは1を構成する光というように、区別できるようにします。送信路に多少

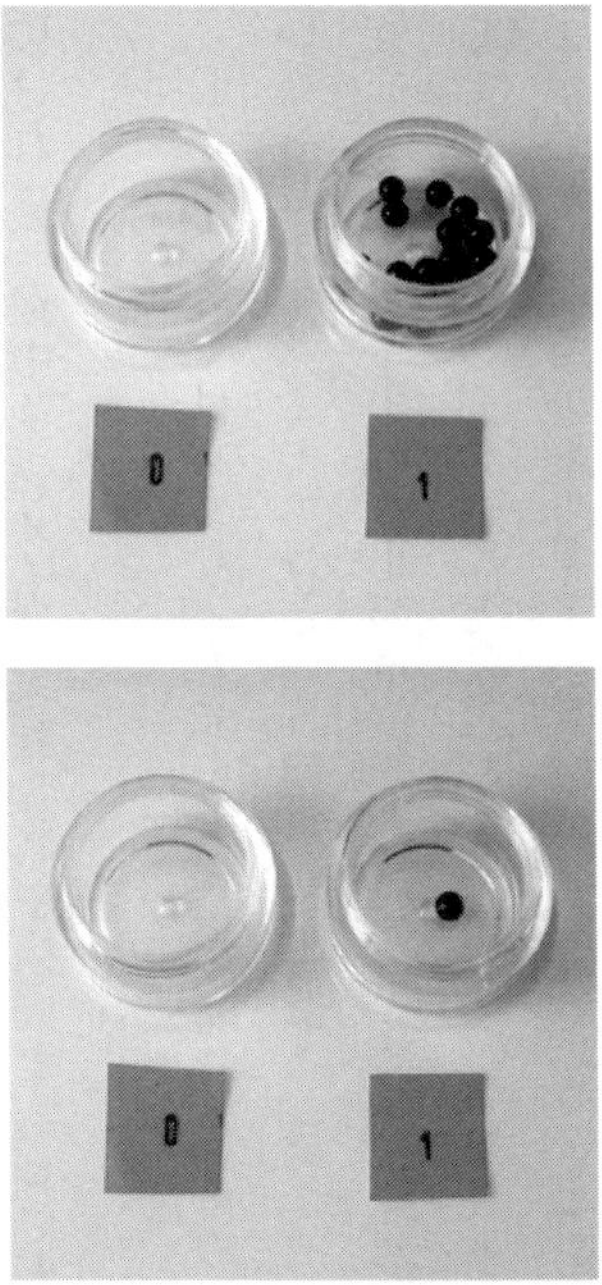

図 1—2　0と1を区別する

0と1を構成するためには、物理現象における何らかの物理量の違いとして区別できなければならない。2つの図はいずれも、入れ物の中に何も入っていなければ「0」、黒玉が入っていれば「1」とする1ビットを表している。さて、上図の場合は黒玉がある程度たくさん入っている状態が「1」、下図の場合は1つ入っている状態が「1」であるとしたら、どちらのほうが0と1を区別するのが難しいだろうか？　答えは下図だ。なぜなら上図ならば黒玉の数が若干増減しても判別できるが、下図では玉1つの増減で、0と1とが変わってしまうからである。（写真：ウェブサイト『週刊リョーシカ！』）

の障害があることを想定しても、信号が1から0に変わってしまうことのないようにするには、0と1の違いを大きくとったほうが確実です。そこで光がない場合を0とし、光パルスが送られてきたら1というように区別することにしましょう。光パルスが十分強ければ、途中多少ノイズ（雑音）や損失があっても、1が0になることはありません。

しかしこれではあまりにも光を大量に必要とするので、エネルギーをもっと節約したい気もします。このエコという観点から見て、量子的な技術は実に徹底しています。なぜならエネルギーの最小の単位である光子ひとつひとつに情報をのせることができるからです。物質のミクロなところひとつひとつをコントロールするのは大変ですが、これまで必要だったエネルギーを大幅に低減できることから、光通信や情報処理を大きく変革していく可能性があります。

さて「30代・女性、首都圏在住」とか「未婚・男性・40代」のようなカテゴリー分けで、商品を売っていた時代と違って、ビッグデータ時代は、どんなにユニークな趣味や嗜好をもつ個人でも、そういう「あなたに合った」商品を「おすすめ」できるようになったのでした。このひとりひとりの「気ままさ」「自由さ」に対応する量子的な性質とは何でしょうか？　実はそれこそが「ランダム」という性質です。

量子は本質的にランダムであり、予測や類推がきかないという特徴をもっていると考えられてきました。このような性質をコントロールするには、たとえばほんの少し前まで、ビジネスを展開しようとする企業にとって顧客のひとりひとりを把握するのは到底無理だと考えられていたように、考え方の転換と新しい技術を必要とします。しかしいま、科学技術は量子ひとつひとつという高精細な世界を量子的にコントロール可能な段階に入りつつあります。このような技術の進展により、ランダムだから使い途がないのではなく、ランダムをつくり出しているしくみそのものを操作し、その性質を利用していままでにない技術を生み出せるようになってきているのです。後に述べるように、たとえば量子のもつ本質的に予測できない性質を、セキュリティという機能に積極的に活用していくといったことも可能です。

このように一見何の関係もないように見えるビッグデータと量子的な技術ですが、同時代の技術として「ひとりひとりへリーチする」「ひとつひとつを制御する」というきわめて似通った特徴をもっていることがわかります。

●D−WAVE社のコンピュータ

これまでとは原理的に異なり、また格段に高品位な性能をもつ量子的な技術は、量子1つ2つが制御できるようになるだけでも、新しい使い途がいろいろと考えられていきます。また量子的なものに何かを組み合わせれば、新しい機能や性能を生み出すこともできそうです。さらに量子2つ、3つが制御できるなら、もっと大量に制御して情報処理ができないか、と期待がかかっていきます。実際、究極的な量子情報処理としての大規模量子コンピュータは、これまで世界的にも、あたかも「ホーリーグレイル（夢のコンピュータ）」のように考えられてきました。

2013年5月グーグルは、カナダのベンチャー企業D−WAVE社の量子コンピュータを購入し、アメリカ航空宇宙局（NASA）と共同で、量子コンピュータを使った人工知能（AI）の研究に着手するとアナウンスしました。このニュースは世界的にも、また日本でも大きな反響をよび、中でも「D－WAVE社のマシンは本当に量子コンピュータなのか？」「D－WAVE社のマシンに本当に量子性があるのか？」という点が大きな関心を集めたのです。

D－WAVE社のコンピュータは「量子アニーリングマシン」とよばれるもので、冷却することによって量子状態をコントロールし、量子計算という情報処理を行います。量子計算の単位は「量子ビット」とよばれ、古典的なコンピュータにおける「ビット」に対応します。現在のところ、大学や研究所における最先端の実験室でも、複数の量子ビットを同時にコントロールすることはなかなか難しい実験だと言えます。

ところが最新型のD－WAVE TWOは、何と512量子ビットのマシンです。これだけの数の量子ビットを同時にコントロールするというだけでも、現時点では他の追随を許さない高度な技術だと言えるでしょう。難しさの原因は、やはりなんと言ってもさまざまな要因によって生み出されるノイズです。D－WAVE社の達成は、たくさんあるノイズの源をひとつひとつ突き止め、対策を立てるという、地味でありかつ不可欠なステップをとことん追求した結果だろうと推測されます。量子的な制御だけでなく古典的な技術も改良・発展させることによって到達したノイズを減らす制御技術は、おそらくD－WAVE社ならではの資産になるでしょう。

一方で、この量子アニーリングマシンの大きな限界は「スケールしない」という点です。「スケールしない」とは、計算したい問題の大きさに応じてシステムを大きくすることができない、つまり拡張性がないということです。これまで量子情報処理の到達点として位置づけられてきた「量子コンピュータ」は「スケーラブル」であることが大きな特徴のひとつであり、したがって量子アニーリングマシンは、これとは異なるものだということになります。

ところで最初期の量子アニーリングマシン・ユーザであるグーグルは、今後このマシンを使ってAI、中でも「機械学習」に取り組むと発表しました。機械学習は、ビッグデータの説明のところで例に示したように、ショッピングサイトなどで各ユーザの購入履歴などを解析して志向に合った商品を予測し、推奨を行うようなしくみを構築する際によく活用される手法です。この解を導くためには、組み合わせ最適化問題を解けばよいことが知られています。大量のデータを対象としたこのような計算力によって世界制覇が競われている中でD－WAVE社のマシンが選ばれたのは、アニーリングが組み合わせ最適化問題に適していることも要因のひとつでしょう。アニーリングは古典的なものもありますが、量子アニーリングでは量子効果のひとつである「トンネル効果」を実行できるため、こういったシミュレーションが古典的コンピュータと比べてより効率的に行えるのではないかと考えられています。しかしながらマシンの内部で量子性が本当に働いているのかどうかは確証の難しい問題であり、「D－WAVE社のマシンに本当に量子性があるのか？」が決着するのは、まだ先のことになりそうです。

さて量子アニーリングマシンが世界の注目を集めている一方で、スケーラブルな「量子コンピュータ」も、実現へ向けて着々と発達を遂げています。スケーラビリティを獲得するためには、どこかでエラーが起こってもそのエラーが伝播していかないようなしくみ「誤り耐性」を備えていなければなりません。そこで現在、世界的に「誤り耐性量子コンピュータ」が盛んに研究されています。このあたりの研究の現況については、第六章でふたたび取り上げることにしましょう。

さて、ビッグデータ時代だからこそ、よりハイパフォーマンスな計算力が必要とされる中で、量子を活用しようという選択肢が浮かび上がってきました。しかしながら、スケーラブルでユニバーサルな「本当の」量子コンピュータができるのは、もう少し未来のことになりそうです。では、それまでの間に、イノベーションを牽引するようなどんな量子的な技術が生まれてくる可能性があるのでしょうか?

第二章

ＩＣＴのパラダイムシフト

●高速・大容量トラフィックを担えるか？

前章では「ビッグデータ」という時代のキーワードに則して、インターネットの社会基盤化を背景とした高速ネットワーク、とりわけ高速モバイル通信の普及を背景としたスマートフォンの普及、クラウド化に伴うビッグデータ活用の高まりなど、ＩＣＴの新たなトレンドを概観してきました。

いま改めて、最先端ＩＣＴ国家を目指す「高度情報通信ネットワーク社会形成基本法（ＩＴ基本法）」が成立した２０００年頃を振り返ってみると、パソコンに代表されるＩＴ（情報技術）の長足の進化もさることながら、現在の特徴としてやはりC、すなわち通信という新しい軸が加わったところに大きな変化が感じられます。身の回りを振り返ってみても、各家庭へのインターネットの普及、メタルの電話線から光ファイバーネットワークへの移行、モバイル通信網の発達によるユビキタス環境化といった通信インフラの発達が、私たちの生活を大きく変えてきました。そしてクラウドを背景に個々のコンピュータや情報端末が快適に使いこなされるためには、このような環境を安定して支えることのできる通信技術がこれからますます鍵となってくるでしょう。

一方、コンピュータと通信という分野は、お互いに切っても切り離せない、とても密接な関係にあります。もしもパソコンの中身をのぞく機会があれば、中央処理装置、演算素子、メモリーなどたくさんのデバイスが集積していることがわかるでしょう。これらのパーツ間でたとえば演算素子からメモリーへ情報が移動したり、またデバイスの内部でも情報が行き来して計算が行われたりといった動作は、見方を変えれば通信であるとも言えます。つまり通信は、ユビキタス環境だけでなく、ITそのものを支えている基礎技術でもあるのです。

したがって現在の古典的な技術標準が量子的なものへ移行する場面では、まずはシンプルな量子通信技術が登場し、それが徐々に幅広い技術者の手で使いこなされていくことを通じて、浸透していくのではないかと予測することができます。

このような観点からわが国のICTを俯瞰すると、いくつかの課題が見えてきます。

まずは普及・高度化するネットワークサービスによるデータ・トラフィック（通信量）の増大や伝送要求の多様化への対応です。また動画などの大容量コンテンツが大量に行き交うことや、時間的・空間的なトラフィックの偏りなどが、ネットワークの設計・制御を難しくしています。そしてこの傾向は、これからも減ることがないどころか、明らかに飛躍的に増大し続けるでしょう。したがって高品質と快適なスピードを備えた情報通信サービスを保証するためには、将来にわたって通信量の増加を支えられるような、情報通信技術の抜本的な革新が不可欠なのです。

実際、ＩＣＴのインフラには、現時点ですでに深刻な技術的限界が顕在化しています。その問題のひとつが、発熱です。連続動作するサーバやルータは多くの熱を放出するため、消費する電力の大半は、この過熱したコンピュータ機器を冷やすために使われています。そしてクラウド・コンピューティングを支えるデータセンターの消費電力は、あと数年で原子力発電所数十基分に達するとも言われています。

●ノイズがなければ通信理論はいらない

しかし曲がり角を迎える時期こそ、技術の基本にいま一度立ち返ってみる価値があります。通信とは何か？――それは、ノイズがある中で伝えたいメッセージを正確に伝えるということです。ノイズがなかったら、ここで「あ」と言ったその情報はどこまでも伝わっていき、通信理論なんか要らないのです。ところが現実には熱や、朝昇ってくる太陽の光や、回線そのものが発する電波の影響など、さまざまなノイズが通信路に立ちふさがります。通信のみならず、人間が築いてきたおそらくすべての技術開発の歴史は、常にノイズとの戦いだったと言ってもよいでしょう。

たとえば私たちが電話で通話する場合、もし音声をそのまま送ったら、雑音にかき消されてザーザーという音だけが伝わるでしょう。伝わる信号量（signal）よりも雑音量（noise）のほうが多い場合には、このように相手はメッセージを受け取ることができません。そこで伝えたい情報を伝えるためには、通信路を確保し、メッセージに冗長性を加えて送信します。

デジタル信号では、送りたいメッセージを0と1が区別できる何らかの物理量を使って符号化し、AさんとBさんで0と1をやりとりします。ところが何らかの雑音によって0を送ったはずなのに途中で1へ変わってしまった、というエラーがどうしても起こるため、その確率「SN比（signal-to-noise ratio：信号対雑音比）」を考えます。そしてSN比に応じてエラーをカバーするのに十分な、エラー訂正のコード、つまりある適切な構造をもった0と1の系列を加えて符号化します。ところがエラー訂正によって信頼性が確保できる一方、メッセージ以外のコードを加えた分、通信効率は下がってしまいます。そこでインターネットをはじめ現在のICTでは、信頼性と通信効率のバランスを設計することで快適な通信を実現しています。

通信は、このようにしてノイズと戦いながら、常に情報をより速く、より大量に送ることを目指して開発されてきました。中でも近年の大きな課題は、増え続けるトラフィックに対応しなければならない光ファイバーの伝送容量です。とくにインターネットを支える海底ケーブルは敷設に莫大な費用と時間がかかります。そこでいまあるケーブルを効率的に活用しなければならないというニーズから、「ブロードバンド」とよばれる波長多重通信が発達してきました。これは光ケーブル内の1芯1芯の光ファイバーに複数の異なる波長をもつ光を通すことによって、同じ1芯の光ファイバーで、波長の数ぶんだけの、具体的には数倍~数千倍もの情報量を送信できる方式です。この画期的な技術が、近年の増え続けるトラフィックを支えてきたのです。

しかし現在、海底ケーブル内の光ファイバー1芯に集中するエネルギー密度はすでにレーザー溶接機のレベルを超え、何かの衝撃で溶けはじめるほどの高熱に達するようになってきました。また地上で各家庭に届けられる光ブロードバンドサービスにおいても、加入者数の増加やサービスの多様化とともに、割り当てる波長数も地上基幹回線の電力密度も増加の一途にあり、身近な通信にもいずれ限界が見えてくることが予測されます。

●セキュリティを支える暗号技術

さて遠隔地へ確実に情報を届けるには、情報をそのまま送るのではだめで、何らかの「符号化」の処理をしなければならないということを見てきました。ところで通信の基本的な要素にはもうひとつ、セキュリティという大きな課題があります。人間社会におけるどんなコミュニケーションでも、話す相手と言語が決まっているように、通信でもまず相手を特定できなくてはなりません。そして、送りたい相手に伝わるように――同時に相手以外には漏れないように――何らかのルールに則って情報を表現する必要があります。これらの約束事がセキュリティに大きくかかわってきます。言い換えると、インフラとしての通信を支える、もうひとつの重要な要素は暗号技術なのです。

情報の中身は通常、まず送信時に暗号化され、続いて受信時に復号されるという流れでやりとりされます。そこで、メッセージをやりとりする具体的な通信に先立って、まず送信者と受信者が、暗号化と復号を行うための鍵を共有します。鍵には大きく2種類あって、送信者と受信者だけが知っている秘密の鍵を共有し、暗号化と復号に同一の鍵を用いる「共通鍵」と、暗号化のプログラムが公開されている「公開鍵」があります。

共通鍵暗号では、送信者と受信者が共通の鍵を用いるため、一方から他方へ必ず「鍵配送」を行わなければなりません。しかしよく考えてみると、鍵は、それ事態が送受信するメッセージと同程度に漏洩してはならない重要な情報です。したがって共通鍵暗号の課題は、そもそもどうやって鍵を安全に配送するのかにありました。

一方、1970年代以降に登場した公開鍵暗号は、送信者と受信者が異なる鍵を使って暗号化と復号を行う点に特徴があります。暗号化を行う鍵は公開されるため「公開鍵」とよばれ、復号に使用する鍵は「秘密鍵」とよばれます。受信者はあらかじめ公開鍵を公開し、これに従って暗号化されたメッセージを受け取り、秘密鍵を使って復号します。秘密鍵は公開鍵に対応しているにもかかわらず、公開鍵から推測することができないというしくみです。

公開鍵暗号で広く使われているのはRSA暗号（発明者であるリベスト（R. L.

Rivest)、シャミア（A. Shamir)、エーデルマン（L. M. Adleman）の頭文字）で、現在のコンピュータが素因数分解を解くのに長い時間がかかることを利用して、事実上秘密が守られるよう設計されています。また共通鍵暗号としては、ＡＥＳ（Advanced Encryption Standard）などのブロック暗号や、秘密鍵を初期値とした擬似乱数生成器からの鍵系列と平文を、排他論理和で暗号化するストリーム暗号などがあります。

たとえば現在のインターネットでは正規利用者であることの認証が行われた後、暗号化のための鍵共有、データの秘匿化・改ざん防止のための暗号化・復号といった手続きを経て送受信されています。この鍵共有と暗号化・復号は、一般に公開鍵暗号で行われています。しかし現在実際に使われており、また電子政府推奨暗号リストにも選定されている認証用のＲＳＡ１０２４、秘匿暗号化用の2ＴＤＥＳ、改ざん防止用のＳＨＡ－１などの方式は、２０１５年頃にはスーパーコンピュータによる解読の危険水域に達すると予測されています。

解読を防ぐには、現在よりも鍵長を大きく、つまりビット数を多くするのが有効であることから、すでに移行作業がはじめられています。しかしながら各種の暗号装置や認証機関のシステムをすべて書き換えるためには膨大な手間とコストがかかります。しかもこれらの暗号は、解くのに十分長い時間がかかることで安全性を保証しているため、将来数学上の新たな発見によって暗号が破られたり、またいま盗まれたデータが、将来量子コンピュータのような速いコンピュータが登場したときに解読されてしまうといった危険性もあります。現在はまだ一般ユーザが日常的に利用するところまでは至りませんが、政府間あるいは銀行間における高度にセキュリティを必要とするシステムなどに、一ランク上の安全性をもつ通信への喫緊のニーズが生まれつつあります。

●技術の壁を破るもうひとつのレイヤー

ユビキタス時代を支える現在のＩＣＴがこれまでの技術の積み上げによって成熟し、しかし一方でトラフィック、通信速度、消費電力などの面で量的にかなり切迫した状態にあるのが、わが国のＩＣＴの現状です。ネットワークの中の事象と現実世界の境が曖味になり、個人情報を含むあらゆるデータがネットワーク上に蓄積されて利活用の対象となってくるとき、セキュリティという問題も国防や金融取引のような場面だけでなく、ひとりひとりの問題になってくるでしょう。そこでいま、ICTはI（情報技術）とC（通信技術）とでそれぞれパラダイムシフトを起こしつつあります。もはや積み増しのようなアイデアではどうすることもできない、まったく新しい方法が必要な時期が来ているのです。

新しい方法が注目すべきなのは、現在のICTのルールで行き交う0と1の世界のひとつ下に横たわっている、「もうひとつのレイヤー」です。今まで制御の対象としてとらえられてきたニュートン以来の古典力学の世界の下に、量子力学というもうひとつの、飛躍的に高いポテンシャルをもつ広大な空間があることは、理論的には比較的古くから知られていました。半導体におけるムーアの法則と同様に、通信の伝送容量にも、それを越えると量子的な領域に入ってしまうという「量子限界」が存在します。

ICTに量子（Quantum）が加わった「QICT」という新しいパラダイムから見

ると、これまでのＩＣＴは実は、「もうひとつのレイヤー」のごく一部である、０と１という特定のケースだけを対象として稼動していたことがわかります。この古典的なルールをちょっと拡張して、私たちは量子力学のルールで書いていくことにしましょう。するとこれまでの確率分布に代わって、確率振幅という複素数でできたシュレーディンガーの波動関数が得られます。この量子力学の世界は「０か１か」ではなく、０と１を足し合わせた波動関数で表すことができます。私たちは量子が取ることができる広い複素数空間の中から使いたい係数を選び取り、コントロールすればよいのです。このような物理の世界については次章で詳しく説明しますが、ひとことで言うと「０または１」という世界から、「０であり１でもある」という世界への大転換ということになります。

この新しいレイヤーにおいて「０であり１でもある」波動関数を直接制御することで、これまでよりはるかに多くの情報を伝送し処理することが可能になります。量子的な世界まで拡張した通信理論を設計すると、最小のリソースで最高の伝送効率を実現する、究極的にエコなシステムを目指すことができるのです。

しかもＱＩＣＴにはもうひとつ、決定的な革新性があります。それは高品位なセキュリティです。これまでの安全性は、コンピュータがある計算量の大きさをもつ数学問題を解くためには時間がかかるということを利用して運用されていました。安全であると数学的に証明することはできないけれども、いまのところ速く解ける方法が見つからないから安全だというわけです。このような「計算量的安全性（アルゴリズミック・セキュリティ）」に対して、「もうひとつのレイヤー」を使う量子暗号では、盗聴者が無制限の能力をもったとしても安全性が証明できる「証明可能安全性（プルーバブル・セキュリティ）」を実現します。実際、この無条件安全性という性質を証明できる方式は、現在ひとつしか知られていません。この方式に含まれる重要な要素が、絶対盗聴されずに乱数を送受信者間で共有し、その乱数をデータと同じ量だけ用意して使うという「ワンタイムパッド」です。そして、実はこの乱数の共有こそが、量子鍵配送の得意技なのです。

●量子フォトニックネットワーク構想

今後も大幅な増加が予想されるトラフィックを支えながらそれにかかる消費電力の増加を極力抑えてゆくための具体的な施策として、総務省のもと情報通信研究機構では、伝送・交換の処理を光信号のままで行う高速大容量・低消費電力なネットワークを実現する基盤技術の研究開発を推進しています。現在の光通信ネットワークでは、ノードにある交換機や中継器の中で光信号を一旦電気信号に変換して処理を行っており、処理量の増大に伴って処理遅延や消費電力の増加が問題となります。データを光信号のまま処理しパケット交換や経路切り替えが行えるようになれば、低消費電力のままトラフィックの増加を支えることができるようになります。このような光信号処理技術を波長分割多重技術と組み合わせることによって、光ファイバーが提供する透明な光の通信路を最大限活用し、通信の起点から終点までどのノードを通過する際も、すべて光領域で処理を行う「フォトニックネットワーク」を実現することができます。情報通信研究機構は、2011年に、フォトニックネットワークによる4K映像（ハイビジョンの4倍の解像度）などの高精細映像の転送、双方向テレビ会議、高速データ転送などを実証するとともに、2012年には産学官連携により、1本の光ファイバーに複数の光の通路を備えた「マルチコアファイバー」で世界記録となる毎秒1ペタビット（1ペタ＝1千兆）超の大容量伝送に成功しました。

現在、インターネットなどのネットワークでは、さまざまなコンピュータやネットワーク機器を相互接続するための標準「OSI参照モデル」が作成され、次のようにコミュニケーションの根幹をなす第1層の物理層から最上位のアプリケーション層まで全部で7つの層が整備されています。

〈コミュニケーションの7つの層〉

第1層：物理層

第2層：データリンク層

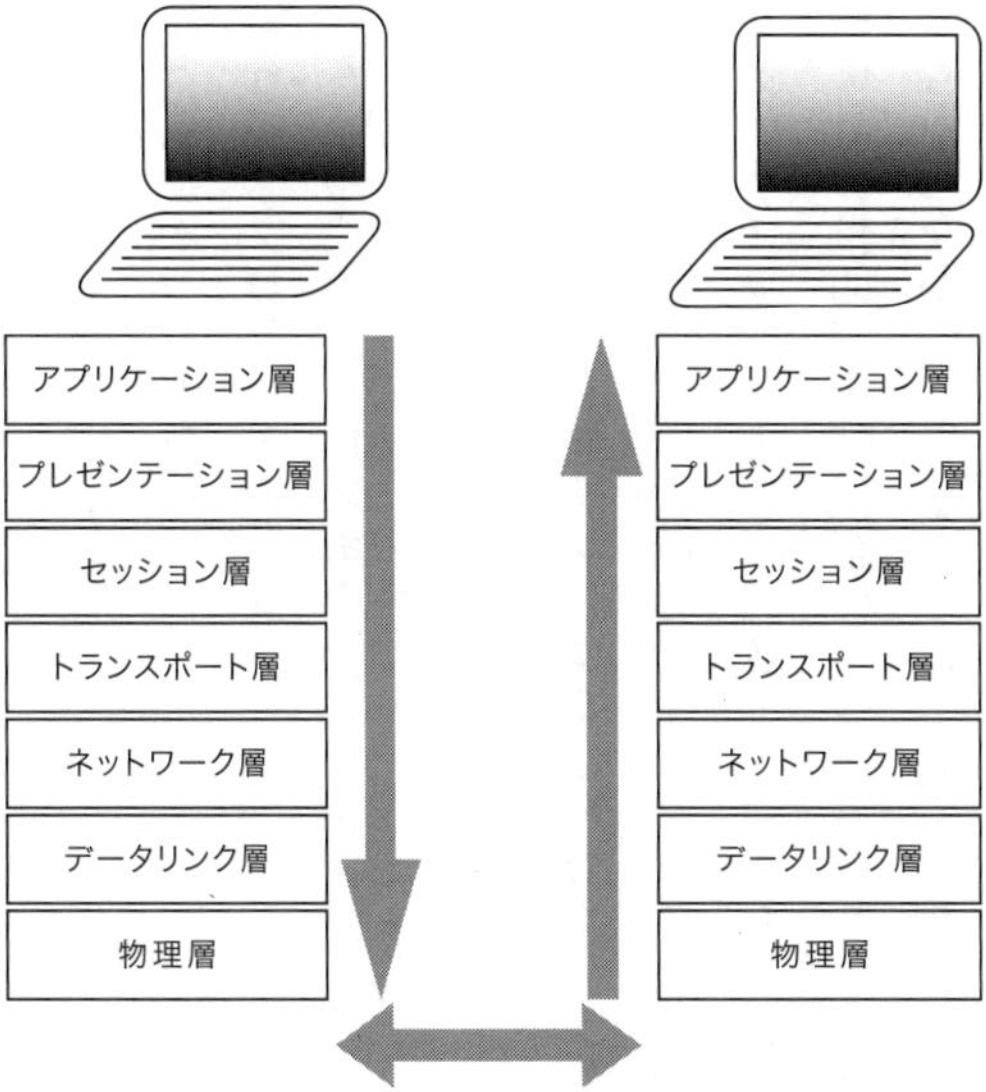

図 2—1　コミュニケーションの７つの層

さまざまなコンピュータやネットワーク機器を相互接続するための標準として「OSI 参照モデル」が広く利用されている。たとえば相手のパソコンのアプリケーション層で処理を行おうという場合には、送信側のアプリケーション層からいったん第6層、第5層……と下りていき、基盤をなす物理層から伝送路へ出て、通信したい相手の物理層から、また第1層、第2層……と上っていく手順となる。

第3層：ネットワーク層
第4層：トランスポート層
第5層：セッション層
第6層：プレゼンテーション層
第7層：アプリケーション層

このように層が整備されていることの利点のひとつは、技術者も含めて一般ユーザは、第1層や第2層を気にすることなく、より上位の層でアプリケーションの開発・利用ができることとです。そしてインターネットのセキュリティを担っているのはＩＰｓｅｃというプロトコルで、図2―1のうち第3のネットワーク層と第4のトランスポート層に計算量的安全性保証に基づく暗号として実装されています。

しかしながら、現在のインターネットが運用しているこのような「計算量的安全性」は、前述のように計算技術の進歩とともに仕様の更新が必要であり、少し長い目で見れ

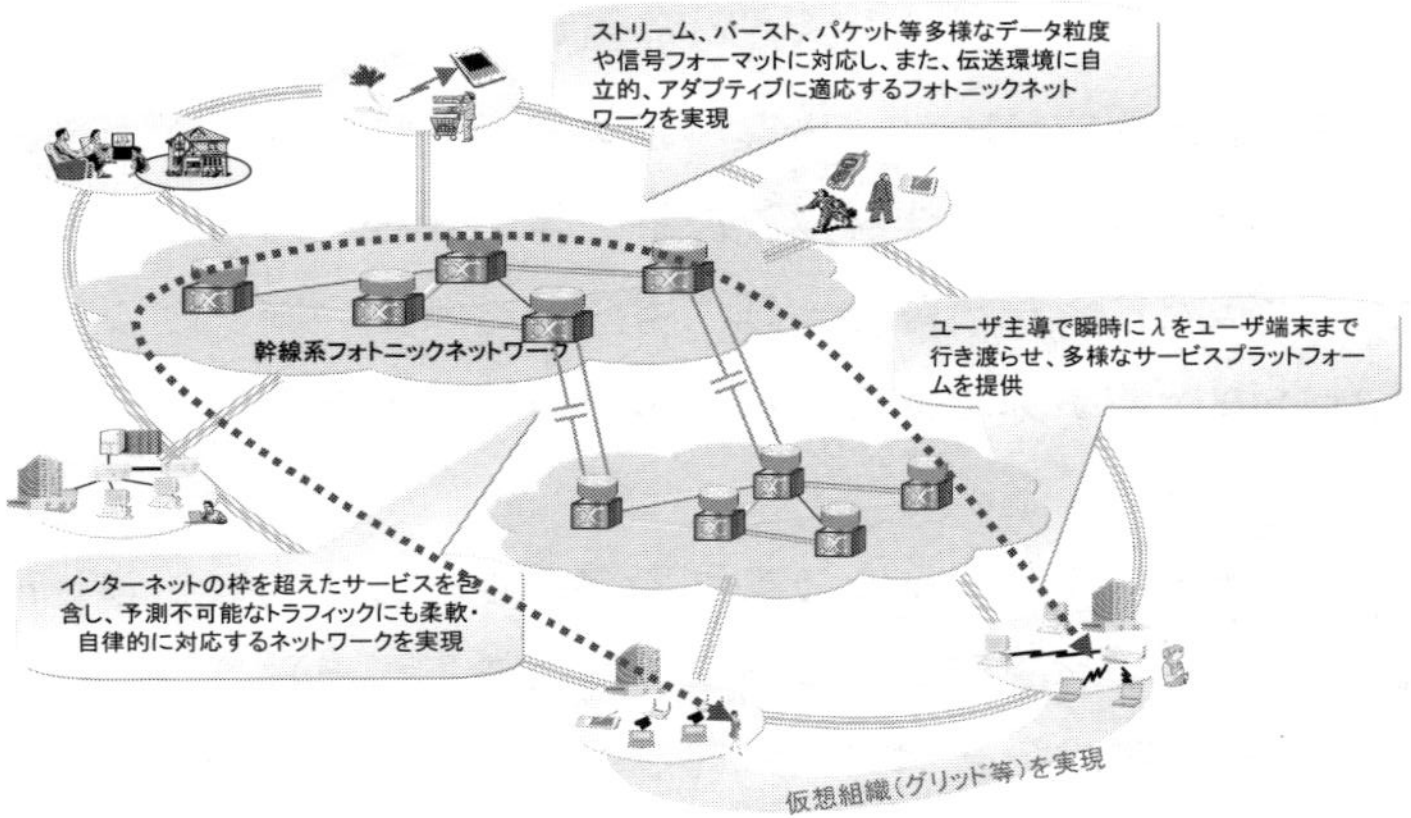

図 2—2　次世代フォトニックネットワーク

ユビキタスネット時代の需要に対する、現在の 100 倍の処理能力をもつ大規模ネットワークの構想図。いつでも、どこでも、利用者主導で多様なアプリケーションをストレスなく利用できるネット社会が目指されている。（『次世代フォトニックネットワークの短中期的な研究開発戦略』21 世紀ネットワーク基盤技術研究推進会議報告書、2005 年 7 月）

ば、いずれ破られる運命にあります。これに対して、もしより下位の層である物理層やデータリンク層に直接セキュリティを実装することができれば、より安全性の高い、原理的に絶対安全なセキュリティを実現することも夢ではないのです。

中でも量子暗号は、第1層の物理層にセキュリティを実装することができる、最有力候補です。物理層は、文字通り光、あるいはより広帯域の電磁波が行き交う物理の世界です。QICTは、この第1層に現在考え得る最高の伝送効率を「量子通信」によって実現し、さらに「量子暗号」によって最高品位のセキュリティをも実装してしまおうというわけです。

たとえばいま、日本のある地点からアメリカへ情報を送ろうと思うと、海外へ出る前に、物理層からいったん第3層まで上がり、電子的なデータに変換していろいろな処理をしてから、光変調器で光に変えられ、ふたたび物理層へ戻されて転送され、太平洋横断ケーブルで海を渡っていきます。第3層ではチップ上で情報処理が行われるため、コンピュータ機器の発熱を抑えることができません。

もし情報を電子的信号に変換せず、できるだけ光のままノードを通り、透明な光ファイバーの中をすーっと通すことができれば、低電力・大容量化が実現できます。さらに、フォトニックネットワークの第1層に「量子通信」と「量子暗号」を組み込めば、最高の伝送効率、これまでと比べ格段に高品位なセキュリティ、低消費電力、大容量化を実現することが可能になります。このようなさらに進化したフォトニックネットワークがその姿を現しつつあります。この実現化に向けて、われわれはそれを「量子フォトニックネットワーク」とよびはじめています。

第三章

「もうひとつのレイヤー」の物理

●のろしで通信の原理を確認する

パラダイムシフトが起こるとき、そもそも科学史家のトーマス・クーンが科学のパラダイムシフトと名づけた出来事が起こるときには、それまでの人類が当たり前のように考えていた「科学とは何か?」という本質が、痛烈に意識されます。そこで前章に続いて本章ではまず、「通信とは何か?」についてより詳しく考えるために、ITなどはじまるずっと以前に使われていた古い光通信を採り上げてみましょう。そして通信の背後で技術を支えている物理の世界へと、徐々に踏み込んでいきたいと思います。

さて、人類のごく初期の通信形態のひとつに「のろし」があります。のろしが立つということに対応する意味があって、A地点でのろしを焚くとB地点でそれが視認され、メッセージが伝わるというのが、のろしのしくみです。

この単純なやりとりの中に含まれているのは、送信者Aと受信者Bの間には少なくともある程度離れた、一定の距離があるということです。隣にいる人にメッセージを伝えるときに、私たちはふつう「通信」という言葉は使いません。どのくらい離れているかはともかく、離れた2点でやりとりする。そして、その一方から他方へ情報が動く、そのような現象こそが通信なのです。

しかし情報そのものは形をもたないため、たとえば手紙ならば紙に書いてはじめて、一方から他方へ送ることができます。このとき情報は、必ず紙という物質と一緒に移動します。つまり情報は、必ず何らかの物質に「のって」運ばれるのです。担い手である物質は、たとえば電波のように目に見えない場合もありますが、何も移動しないのに情報が伝わるということはありません。人間がさまざまなメッセージをやりとりする背後で働いているのは、当然のことながら、このような物理現象なのです。

ではのろしの場合、どんな物質が情報を担っているのでしょうか？　答えは光です。A地点で焚いたのろしを、もしB地点で見ることができなかったら、通信は成立しません。たとえば雨がザーザー降っていたら、たちまちのろしは失敗です。のろしが焚きにくいだけでなく、雨で視界が遮られ、のろしが立っているかどうか見ることができないからです。天候だけでなく曇った朝や黄昏時など、時間帯によっても視界はかなり変わってきます。するとAとBの間は少なくとも太陽が出ている昼間の時間帯で、かなり明るい状態になっていなければならないということがわかります。のろしという通信は、ちょっとでも光量が足りないとすぐエラーが出てしまうような、大量の光に担われているのです。

本章の冒頭で「古い光通信」と言いましたが、つまり、のろしは光のエネルギーを大量に必要とする光通信なのです。昔の人々にとって敵が攻めてくるとか、戦いに行った仲間が勝利したとかいったように、他に先んじて知ることで情勢や生死を分けるようなメッセージをやりとりする必要から、この手段が発明されたのでしょう。通信できる条件が限られているとはいえ、光が移動するのだから、人や馬が移動するよりずっと高速に運べることは間違いありません。

このように見てくると通信の基本は、離れた2点間で、より速くメッセージを届けるところにあります。一方、伝えたい目的に合わせて、この基本機能をいろいろと応用・

発展させることもできます。たとえば中継地点を置けば、のろしをリレーして伝送距離を伸ばし「より遠く」へ伝えることができます。ちなみに漢字では「狼煙」と書き、これは燃料として用いられた狼の糞に由来するそうですが、日本では草なども用いられたといいます。材料を工夫して、燃やすと色の異なる煙を上げられるようにすれば、もっと複雑なメッセージも伝えることができるでしょう。メッセージが何を意味するか、あらかじめ取り決めておいてそれを秘密にしておけば一種の暗号通信ですが、一度でも送ってしまったら事の次第からその意味はおのずと知れ渡ってしまいます。またのろしを焚いていること自体を秘密にすることもできません。原始的な通信では、セキュリティはほとんど配慮されていないと言うことができるでしょう。

●電磁波に0と1をのせる

さて、のろしでは情報を担う光が受信者の目に届くことによって、通信が成立します。のろしが上がるのが非常時だとすれば、これに対してのろしの立っていない状態は平時、つまり量子状態でいう「基底状態」にあたります。メッセージが単純な場合を考えてみると、非常事態が起こったか起こらないかを、平時の「0」と非常時の「1」という信号としてやりとりしているのだと考えることができます。

では時は移って、日本では明治時代にはじまった軍隊ラッパの場合はどうでしょうか？　今度は情報の担い手は音であり、音が空気中を波として移動してくることで伝わります。これもとても単純な場合から考えて、まず音が「ある」と「ない」という2つの状態を区別することができます。のろしのときと同じように、やはり音が来れば「1」、来なければ「0」です。音の長さに変化をつけたり、音の高低を吹き分けたりすると、信号はもっと複雑になります。

このように情報を担うとは、物理現象における「違い」を、何らかの物理量としてこちらは「0」あちらは「1」と区別できるようにして、その違いに意味をもたせるところにあります。この特徴をたいへん明快に活用して初期の電信に貢献したのが、アメリカの発明家サミュエル・フィンレイ・ブリース・モールス（Samuel Finley Breese

Morse：1791〜1872年）にちなんで名づけられた「モールス信号」です。1840年代に誕生したモールス信号は、短点「トン」と長点「ツー」の組み合わせだけで構成されている単純な符号で、これらを区別することで情報を構成するところに特徴があります。送信する電波は1種類の波長ですが、これを区切ることによって0と1からなるデジタル信号をのせているのです。

現在の通信の大きな割合を占めている電波も、情報を電波というものに「のせて」運んでいるという点で、これまで見てきた通信と同じです。ラジオ・テレビ放送や携帯電話の通信などでは、まず一般に「キャリア」とよばれる情報をのせる基本の波をつくります。そして一方から送信し、他方がこれを受信できるようにしておきます。この波の中にある何らかの物理量の違いを、信号の違いとしてとり扱えるようにすることで、情報を表現します。一方受け手はその違いを認識し、送り手と逆の作業を行うことによって、あらかじめ意図された情報を復元できるようにします。具体的には、送信者は送りたい情報が物理量の違いとして表された「変調」された波をつくり、この変調波とキャリアを「合成」して送信します。電波の受信者は、合成波から変調部分を抜き出して、音声なり画像なり元の情報を得ているのです。

●通信とは電磁波利用の歴史である

ところで、19世紀にもなると、通信の技術はいよいよ大きく発展してきます。1850年にはイギリスのドーバーとフランスのカレー間に「ドーバー海峡横断ケーブル」が敷かれ、大英帝国とヨーロッパ大陸が結ばれたのを機に、ヨーロッパ中にケーブル網が広がっていきました。大英帝国とアメリカをつなぐ「大西洋横断電信ケーブル」の敷設は、そのわずか8年後にあたる1858年のことです。これは1866年になって実用化され、開通によってロンドンとニューヨークの株式取引所が通信で結ばれ、世界経済のあり方に大きな影響を与えていきました。

その後ケーブル網はアフリカや南米大陸にも及び、大英帝国の重要な植民地だったインドともつながります。1878年には「太平洋横断電信ケーブル」の敷設が開始され、1902年にはカナダのバンクーバーから、フィジーを経由し、ニュージーランドやオーストラリアまでつながるようになりました。1902年と言えば日本では日英同盟の調印に沸いた年にあたりますが、調印の行われたロンドンから世界に目を転じてみると、当時すでに地球規模のネットワークが建設されていたことに、改めて驚かされます。20世紀に入る頃には、世界の海底ケーブルの総距離はおよそ36万キロメートル、その大部分はイギリスの所有だったため、イギリスの情報通信面における独占時代と言われています。

このように見てくると、通信とは想像以上に社会的な要因と深くかかわる分野であることが実感されます。地球規模の通信を支える海底ケーブルの技術と改良は、この時代、大いに社会の要請を集めていたと言えるでしょう。そしてもし技術をさらに掘り下げるならば、まず物理が解明されなければ、技術をいかに実現するかを方向づけることはできなかったに違いありません。

2010年代のいま、われわれが量子通信や量子情報の最先端研究に取り組む立場から見ると、通信技術の研究と開発は大きなひと筋の流れとなって現在まで続いているように思われます。すなわち、それは情報を送るために人類がどう電磁波を使ってきたかという歴史です。電磁波と言えば、通信ではつい最近まで電波を使ったもののことであり、通信の技術者たちはいかに電波を送るための通信路を確保するか、そこで起こりがちなノイズにいかに対処するかといった、現実的な条件を克服することがすべてのように思ってきました。しかし前章で見てきたように、そのような条件を取り払ったところに「もうひとつのレイヤー」が広がっています。この量子的な世界は、今のところコントロールするのがまだ難しい点もありますが、通信にとって無限とも言えるポテンシャルをもっています。そしてより本質的なことは、電磁波を使って、より効率よく、大容量で、安全な通信を行おうとすれば、どうしてもそこへ行き着くということなのです。

なぜか？　それを考えるために、もう少しじっくりと物理に目を向けてみましょう。

●電磁波への疑問からはじまった量子力学

そもそも電磁波とは何でしょうか？　電磁波とよばれるものは非常に幅広いため、波長帯ごとに使われ方も、名称もさまざまです。図3―1のようにスペクトルを見ると、波長の長い方から、電波、赤外線、可視光線、紫外線、X線、ガンマ線などがあります。そして電波の中はさらに低周波・超長波・長波・中波・短波・超短波・マイクロ波などに細分化することができます。

もっとも波長の長い帯域を占める「電波」は、進行方向に多少の障害物があっても進行できるという特徴があります。そこでこの特徴を生かして、テレビやラジオの放送や携帯電話の通信などの長距離の情報送信に使われてきました。また長波ラジオ・電波時計の信号などに使われる長波から、FMラジオ放送・地上アナログテレビ放送に使われてきた超短波、衛星通信・衛星テレビ放送のマイクロ波まで、帯域を細かく分けて利用されています。

3テラヘルツという周波数を境にして、これより波長の短いものが「光」です。光には赤外線、可視光線、紫外線があり、私たちの目で見ることができる可視光線は、波長0・4～0・7マイクロメートルというごく狭い範囲に限られています。たとえばダイヤモンドは透明ですが、私たちにとって透明に見えるということは、ダイヤモンドを可視光が通過するということを意味します。そしてダイヤモンドに限らず、どの波長の電磁波が通過するかは、物質によってそれぞれ異なることが知られています。したがって当てる光の波長を変えると、物は違って見えてきます。たとえば海中を浮遊する軟体動物の中には、体を覆う外皮が可視光を通し、体内の様子が透けて見える「ハダカカメガイ（クリオネ）」という生物がいます。一方、人間の皮膚はほとんど可視光を通さないため、外から骨や内臓が見えることはありません。ところが人間の体も、光よりも波長が短いX線を当てることによって、その中身を見ることができます。すなわちレントゲン撮影です。長波が建物などの障害物を回折して進行していくのに対して、X線やガンマ線は波長が短いため、多くの物質を透過しやすい性質をもっています。

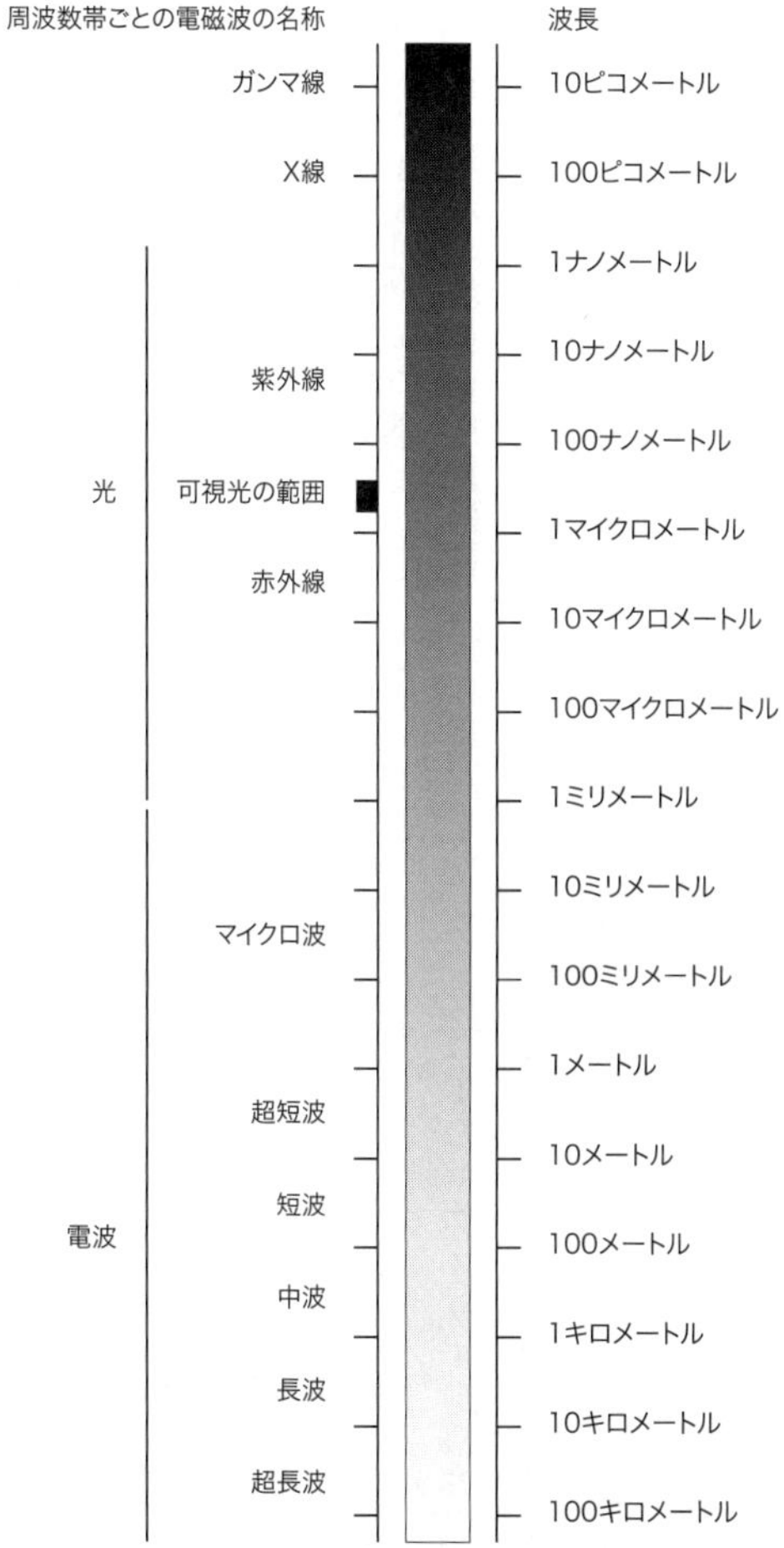

図 3—1　電磁スペクトル

図の右側の目盛りは波長で、上部ほど周波数が高く、下部ほど低い。

さてこのような光を含めた幅広い帯域の電磁波をどう考えるべきかは、19世紀後半におけるニュートンの古典物理学最後の難問でした。1864年、マクスウェルによってはじめて電磁波を包括的に説明する理論が示され、この問題に念願の解決をもたらします。この「マクスウェルの方程式」は、1897〜1898年にハインリヒ・ヘルツによって、実験的にも正しいことが証明されました。物理学はいつも森羅万象を統一的に説明する理論を目指しますが、古典物理学はまさにこのようなツールとして、大きな完成の域に達したのです。

ところが、20世紀を目前にして、理論を統合したはずのマクスウェルの方程式に、電磁波を十分に説明できない、矛盾したところがあることが、徐々に問題視されるようになります。鉄工業用の溶鉱炉から熱放射される電磁波のスペクトル分布を、完全には説明できないことがわかってきたのです。この問題を研究していたプランクは、1900年、これをうまく説明する新しい基礎概念として「エネルギーの量子仮説」を提案しました。これはエネルギーには最小単位があり、連続的にではなく、最小単位ごとにとびとびの値でやりとりされるというものです。

プランクが提案した、古典物理学への小さな風穴は、アインシュタインによって、一層具体的に発展していきます。アインシュタインは金属に光を当てると、光のエネルギーが金属の中にある電子にわたり、電子が十分なエネルギーを得ると金属の外へ飛び出してくる現象を、光が粒子だと考えることによって説明したのです。この現象を光電効果といい、この理論によってアインシュタインはノーベル賞を受賞します。より重要なのは、物質は「波であり粒子である」という量子力学のもっとも基本的な考え方が、このときアインシュタインが光について「クオンタ (quanta)」とよんだ概念によって示されたことでした。

●「クオンタム」とは何か?

さて、プランクの言うように「とびとびの値」をとり、アインシュタインが「クオンタ」とよんだ量子とは何なのでしょうか? 物理学ではそれまで、物質には大きく粒子のようなものと波のようなものがあり、２つの性質は対照的であると理解されていました。光電効果についてのアインシュタインの論考は、波であると考えられてきた光を「光子」という粒だと主張する点で、それまでの常識を大きく破るものだったのです。この後の１９２４年、明らかに粒の性質をもつすべての物質は波であるという「物質波」の考えがド・ブロイによって示されます。このようにして量子力学は、物質はすべて「波であり粒子である」ことを次第に明らかにしていき、１９２０年代を通じて確立されていきました。

私たちも学生時代の記憶をたどると、理科の授業では、原子は粒子のような球形に描かれてはいなかったでしょうか。中心に原子核があり、その周りを電子が回っているという、あの模式図です。ところが実際には、中心にある原子核は粒のようではあるけれども輪郭がぼんやりしており、その外側にある電子は、衛星のように軌道を描いて回っているのではなく、原子核のまわりをぼやっと波として取り巻いています。

ところで波であり粒子であるすべての物質は、エネルギーをもっています。光はさき

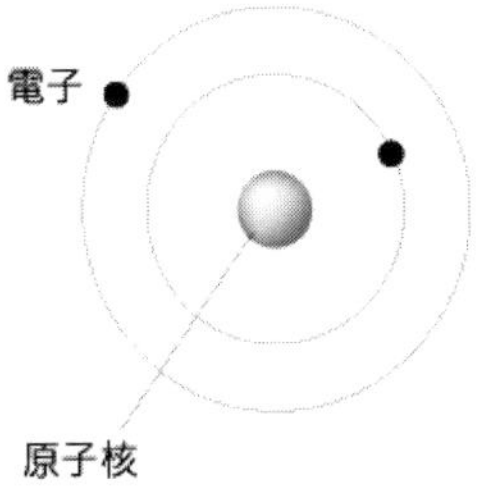

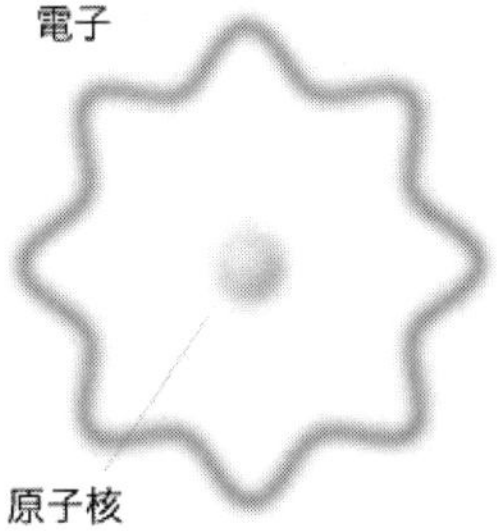

図 3―2　2 つの原子模型

上図は、学校などでよく説明に使われる原子の模式図の例。ところが原子核の引力で電子がぐるぐる回っているとすると、光を放出し、原子核のほうへ落ち込んでいってしまうのではないか？という疑問が呈され、活発な議論が始まったのは、物理学では 1911 年のことである。下図は波であり粒子である電子を描いた模式図。

ほど見てきたように電磁波でもあるので、電波と同じように波の性質をもっており、振動数（周波数）と振幅によって特徴づけられます。振動数がエネルギーの大きさに比例するため、光子1個のエネルギーの大きさを式で表すと次のようになります。

$$h\nu$$

h（エイチ）で表されているのは「プランク定数」です。νは「ニュー」と読み、振動数を表しています。この式から、光子1個がもつエネルギーは、プランク定数に振動数を掛けた量になるということがわかります。

このプランク定数と「とびとびの値」との間には、大いに関係があります。プランク定数があるということは、光のもつエネルギーには、どんなことがあってもこれ以上は小さくならないという、最小の値があることになります。2つあれば2つ分エネルギー量がある状態、3つあれば3つ分というように、必ず整数倍で増えていきます。このことは、さきほどの式が、光のエネルギー量がプランク定数と振動数の掛け算になっていたことからもわかります。言い換えると、物質のエネルギー量が増えていくときには、プランク定数ごとに、「とびとびの値」ずつ増えていくのです。物理量は一般に、いくら少ない量でも、その半分という量をとることができれば、さらに小さくすることができるはずだと、考えることができます。しかしプランク定数は、「これ以上は小さくならない」限界を示しているのです。

このように量子とは、原子、電子、素粒子といった何か特定の物質を指すのではなく、すべての物質を対象とした見方、考え方です。そして波であり粒子であることからくる、量子に特徴的な状態が「重ね合わせ」という状態です。量子状態を使って情報処理を行おうという場合、重ね合わせは「0であり1である」という状態を指します。

0または1である古典的な「ビット」に対して、重ね合わせ状態を使った「量子ビット」は、測定するまでは0でもあり1でもある状態にあります。そして「0なのか？1なのか？」と測定すると、0または1が得られます。このように区別できるので、計算の単位として使うことができるのです。ところが、量子ビットの場合、もしも別の測り方をしたら、測定の種類によって測定結果が異なります。さらにいったん測ってしまったら元の状態に戻すことはできません。

●量子ノイズという限界と可能性

実は、量子の世界では「測定」という概念が、古典の場合と異なる深い意味を担っています。この量子測定という問題について最初に大きな解決をもたらしたのは、1927年にハイゼンベルク（Werner Karl Heisenberg：1901〜1976年）が提案した「不確定性原理」でした。不確定性原理とは、物質のもつ波であり粒子であるという性質により、位置（x）と運動量（p）を同時に正確に決定することはできないというものです。どちらか一方だけならば正確に測ることができますが、その場合，他方の不確定性が最大になり、測定したらいったいどのような値になるのか、予測できなくなってしまいます。

このようなxとpの関係は、たとえば、どちらか一方を測ってからもう一方を測定したときに、必ず最初の測定の影響を受けてしまうような「非可換」な関係性です。位置と運動量だけではなく、非可換な量であれば同じように不確定性原理が存在します。たとえばレーザー光は、電磁波の波長が一定で、かつ振動のタイミング、つまり位相もそろった光です。しかしながら、ぴたりとそろっているレーザー光にも、不確定性原理からくる、言い換えれば光が波であり粒子であることからくる限界が存在します。つまりレーザー光は、ちょうどxとpに対応する2つの非可換な物理量——波の振幅と位相——が不確定性最小の状態になっている、「コヒーレント光」とよばれる量子的な光なのです。

ハイゼンベルクの不確定性とは、精度が十分に高くないために測れないのではなく、どんなに精度を上げても、それ以上は絶対に知ることができない限界があることを示しています。どんなに精細さを追求しても、物質そのものに存在するこのゆらぎを取り除くことはできません。このように古典的なものに限界を与えるゆらぎを「量子ノイズ」と言います。これまでノイズと戦い、精度アップを目指してきた人間の技術が、いわば終点に達したときにはじめて立ち現れる原理的なノイズであり、あのムーアの法則を阻むものの正体も、これなのです。

これと同様に、量子ノイズは、これまで発展してきた通信の伝送容量の伸長にも限界があることを示しています。情報処理の基本はまず0と1を区別して、間違いなく信号を送受信できるようにすることからはじまるのでした。0と1を区別する物理量の差をどんどん小さくしていくことができれば、少ないエネルギーでいくらでも多くの情報をのせることができます。もしこれが本当ならば、いまある通信路でいくらでも通信量を増やすことができ、どんなに情報量が増えても問題ないはずです。ところが不確定性最小の状態によってもたらされる「これ以上区別できない」限界がある以上、のせられる情報量にも避け得ない限界が存在します。

しかしちょっと見方を変えてみれば、量子ノイズの向こう側に広がっているのは、量子の世界にほかなりません。古典にとっては限界に見えるものも、量子の側から見ればどうということはありません。つまり、「0でもあり1でもある」重ね合わせ状態は、量子にとって単に一般的な状態だからです。では、このような量子状態をそのまま活用して、人間の意図に従ってコントロールできたら、どんなことができるでしょう？　私たちはすでに第一章で、大きなイノベーションを引き連れてくるこの新しい可能性に、世界の先端的企業が注目しはじめていることを見てきました。また「0か1かは測ってみなければ決まらない」という量子のもつランダムな性質や、一度測ると状態が変わってしまう特徴は、これを使ってうまく情報を秘匿することにも使うことができます。これが第二章で見てきた、量子暗号の得意技、すなわち量子のセキュアな性質です。通信をはじめとする多くの技術にとって、なぜ量子という「もうひとつのレイヤー」が切り札になるのか、それは物理を知れば知るほど、いよいよ明らかになってくるのです。

第四章

究極の通信に続く道

●2つの先駆的な仕事

これからの通信を考えるのに、なぜ量子物理学がかかわってこなければならないか、前章では基礎的な理論について少し詳しく見てきました。しかしながら量子力学は、私たちの暮らしの中ではとくに知らなくても何ら支障のない、縁遠い世界でもあります。実際、量子的な世界のルールが、人間の暮らしに役立つ技術としていったいどのように使われていくのかは、物理学者の間でも、長い間よくわかっていませんでした。

量子力学に大きく貢献したプランク、ド・ブロイ、ハイゼンベルク、シュレーディンガー、ボーア、アインシュタインといった物理学者たちが取り組んできたのは、20世紀を通じて主に理論的な研究でした。とくに20世紀前半頃までは「思考実験」とよばれる、もし実験ができる日が来たらこのようになるだろうと予測するような理論研究が、盛んに進められていたのです。たとえばアインシュタインら3人が1935年に提案した「アインシュタイン＝ポドルスキー＝ローゼンのパラドックス（EPRパラドック

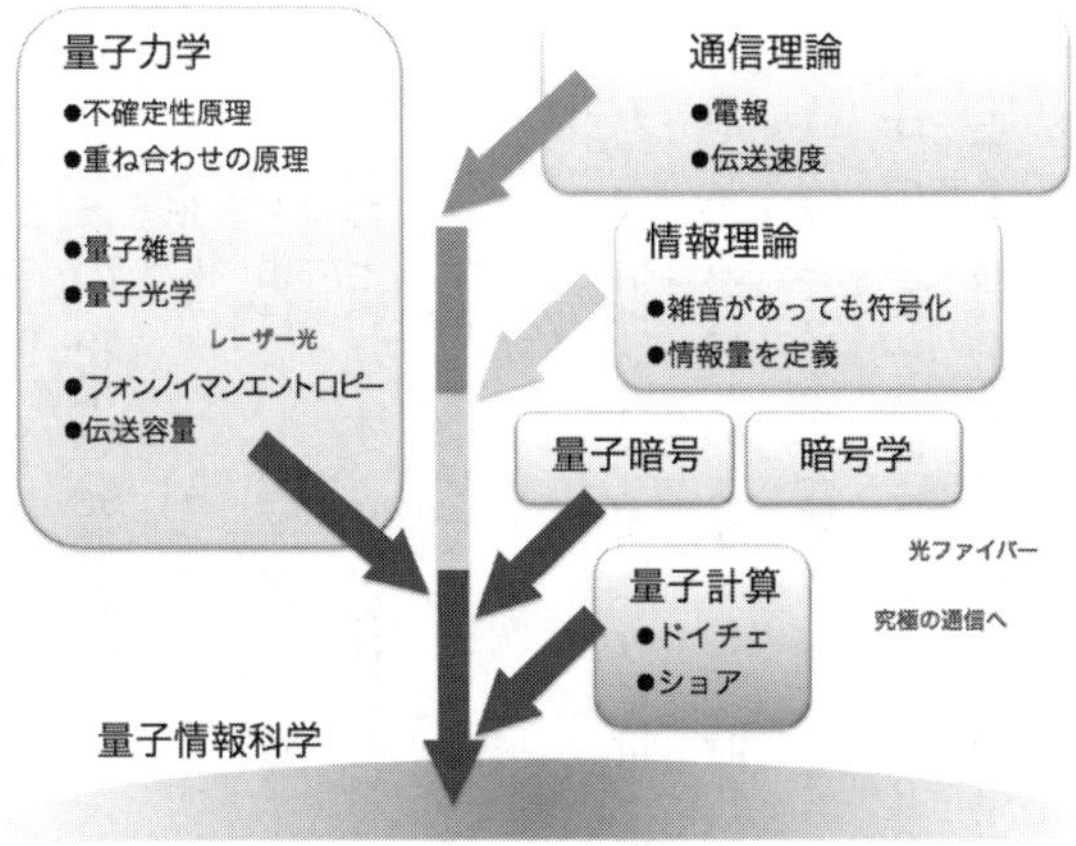

図 4—1　量子情報科学と究極の通信

量子力学と通信理論は、それぞれ1920年ごろから大きく発達してきた。その後通信理論は、シャノンの情報理論によって大きく発展する。その一方で量子力学と暗号学の出会いから、量子暗号という新しい分野が誕生した。通信理論は今後、量子的な技術を取り込みつつ、量子鍵配送を皮切りに、電磁波を最大限活用する究極の通信へと向かっていくだろう。そして新しい量子的な技術の基盤を提供する広がりのある領域が、量子情報科学である。

ス）」は、「スプーキー（不気味）」な作用が量子現象に現れることを指摘した思考実験でした。この結果を発展させた「ベルの不等式」が実験的に実証されたのは、なんと1982年になってからのことです。このパラドックスで注目された性質は現在「EPR相関」とよばれ、量子暗号や量子テレポーテーションなどの技術に欠かせない量子的な性質のひとつです。この他にも量子に関する思考実験の多くは、理論的にわかったことが実際の実験において実現できるようになるまでに、なんと半世紀以上もの時間がかかったのでした。

一方で通信理論は、ちょうど量子力学が確立したのと同じ1920年代に、独自の発達の道を歩みはじめます。この時代、忘れてはならない先駆的な仕事を残したのが、ハリー・ナイキスト（Harry Nyquist：1889～1976年）とラルフ・ハートレー（Ralph Vinton Lyon Hartley：1888～1970年）という2人の科学者でした。当時の主要な通信手段であった電報を対象として、2人はそれぞれ通信がどのような精度と速度で伝送できるかを抜本的に考える、情報伝送に関する基本概念をつくっていったのです。

1925年、AT&T研究所で熱雑音などを研究していたナイキストは、通信における情報（intelligence）の伝送速度が、何によって決まるかという問題について考えを進めていきます。そして海底ケーブルや無線電信などのさまざまな通信路に対して、どのような電気信号波形を使うとよいか、信号波形の振幅レベルをいくつ用意するべきか、またそれらをどのように組み合わせて電報を表現するのが適切かという考察の中から、まず電報の通信速度が何によって決まるのかを数理的に示す、電信電話の基礎理論を構築しました。

続いて1928年には、電報を歪みなく伝送し、復元するためには、通信路に単位時間あたりに送り込めるパルス数が通信路の帯域幅の2倍に制限されていることを示しました。これは後にクロード・シャノンらによって、アナログ信号をデジタル化するためのサンプリング間隔は、アナログ信号の最高周波数の2倍以上必要であるという「標本化定理」に拡張され、現在につながっています。

同じ頃ハートレーも、電報を構成する言語にもとづいて、情報（information）は、文字の種類の数と実際に伝送される文字数によって決まると考えました。そして情報量をどう数量的に扱ったらよいか考察する中から、1928年、ハートレーは情報を測るにはメッセージ総数の「対数」を用いるのがよいことを論文に著します。これによって、情報量と伝送速度が対数関数を基礎に構築できるという理論的基盤を提供したのでした。

現在も日本語の「情報」に対応する英語には「information」「intelligence」の2つがあると考えられます。いずれにしても通信におけるメッセージとしての「情報」が、どういう量であるかが定義されたことによって、2人によってはじめられた議論は、のちにシャノンの情報理論（Information Theory）として大きな実りを結ぶことになります。

●シャノンの「情報とは何か」

歴史的には、ナイキストやハートレーの仕事と、それを引き継いだシャノンの活躍との間に、第二次世界大戦という大きな出来事が起こりました。人類に大きな惨禍をもたらしたこの戦争は、大量殺戮兵器の使用に加え、情報収集と計算力を競う情報戦であったことも大きな特徴だったと言えるでしょう。通信の分野ではとくに英米の諜報機関を中心に暗号解読のために多くの才能が集められ、イギリスではチューリングらが活躍して、その後のコンピュータや情報処理を方向づけるアイデアが出そろっていきました。戦争の命運を決したともいえる暗号解読への取り組みが、コンピュータの誕生につながったことは、今では広く知られている歴史的事実です。

そして戦後まもなくの1948年、シャノンが情報伝送の理論を体系化します。シャノンの情報理論は、ナイキストとハートレーによって用意された、情報量と伝送速度は対数関数で表されるとする基盤のうえに、メッセージの「生起確率」と通信路内における0、1間の遷移確率という概念を加え、さらに統計学の対数関数にもとづくエントロピー概念を融合させて、通信理論を数学的に構築したものだと言うことができます。そして、少なくとも通信については現在も基礎をなす考え方であり、これまでの章で通信について述べてきた多くの部分も、さかのぼればここにはじまると言っても過言ではありません。シャノンの情報理論は1950年代には、さらに精緻な証明や定量化、応用に関する理論研究へと発展し、学問的黄金期を迎えながら情報を扱うさまざまな分野に波及していきました。いまチューリングやシャノンの理論を読むと、すでにコンピュータが存在しているかのような錯覚にとらわれますが、2人は論理のみによって計算や情報処理の方法などを考え、それが後にコンピュータの実現へとつながっていったのでした。

シャノンの情報理論のポイントのひとつはまず、これまでの章でも繰り返し述べてきたように、通信の最大の敵は「ノイズ」であり、通信路上には必ずたくさんのノイズがあることを踏まえて理論を定式化したところにあります。ノイズがあると、情報が欠けてしまったり、途中で間違ってしまったりします。しかしシャノンは、符号化を行うことで、ノイズの多い通信路でも信頼できる通信を行えるのだということを、まず示しました。

通信を行うには文字・画像・音声などの元情報を、まず適切に0と1の系列パターンで表現します。これを「情報源符号化」と言いますが、たとえばアルファベットを使う言語の場合、すべてのメッセージを0と1に置き換えず、たとえば母音を省略したりしても、ルールさえ決めておけば元のメッセージに戻せる場合があります。そこで情報源符号化は、0と1に置き換える際のデータ圧縮の技術とも関連しています。

そしてノイズがあっても信頼性ある通信を行うには、元のメッセージに今度は逆に冗長なビットを加えます。たとえば単純に符号を反復することで誤り訂正符号として用いたり、またパリティといって、奇数と偶数という区別を誤り訂正符号化へ用いる方法もあります。この余分なビットによって、誤りが起きたかどうか、またどこに誤りが起きたかといった目印が立つようにできており、欠けた部分を修復したり、誤りを元に戻したりすることができるのです。これを「通信路符号化」と言い、シャノンは符号化の効率についても定量化を行いました。そしてもっとも効率的な符号化を行った場合に、単位時間あたり誤りなく送ることのできる情報量を「通信路容量（C）」と定義しました。

ところで現代の通信においては、電話での音声通話にしても盗聴されないようになっていますし、インターネットでやりとりするカード情報などの個人情報であれば情報漏洩が起こらないしくみが求められます。セキュリティを考えるには、符号化し、冗長ビットを加えた情報のうえにもうひとつ、冗長な乱数を加えます。これが暗号です。

●暗号とその安全性の基準

もう少しシャノンに則して、情報とは何か、暗号とは何か、その安全性とは何か、という基本問題を整理していきましょう。暗号についても、最初に数理的に解明したのは、シャノンでした。安全性を考えるためには、まず攻撃者が無限の計算能力をもっていると仮定します。また「通信路符号化」の加工が施されていない元のメッセージを

「平文」といい、どうしたらこれを無条件に安全に送れるかを考えます。そしてこれを可能にするには安全な乱数列を鍵として用い、その「鍵の長さが、平文の長さ以上あること」、また「一度暗号化に使った鍵は二度と使い回さないこと」、つまりワンタイムパッドという方式で適切に運用すれば達成できることを明らかにしました。シャノンの情報理論によって、それまで安全性を数学的に証明できなかった暗号学に、初めて証明可能安全性（プルーバブル・セキュリティ）という概念を持ち込むことが可能になったのです。なお、この安全性は「情報理論的安全性」とよばれることもあります。

さて通信を行うにはまず通信量と同じ長さの乱数を用意します。この乱数表を送信者と受信者で共有し、他には漏れないように管理します。最大のポイントは、この乱数鍵が一回限りの使い捨てであることです。この鍵運用のルールを守って運用すれば、暗号文をどれだけたくさん集めても、無限大の計算能力をもってしても、解読できないことを意味します。

しかしこの通信を維持するには、そもそも完全な乱数を作るのが容易ではありません。そして平文と同じサイズの秘密鍵を事前に通信者間で共有するのは簡単ではないという、大きな問題があります。共有した鍵が盗まれたり、コピーされたりすれば安全性が保持できません。このようなことから実際に運用しようとすると大きなコストがかかるため、歴史的にも特別な用途を除いて、情報理論的に安全な暗号はあまり広く使用されてきませんでした。

これに対して、暗号の安全性を解読に必要な計算量によって定義し、その計算量を処理する技術が当面見当たらないものを、第二章でも触れたように「計算量的安全性」をもつと言います。暗号法や暗号解読法は、計算能力の高いツールが利用できるようになれば、解読可能な範囲が大きく影響を受けます。実際に電子計算機がつくられるようになってからは暗号解読可能な範囲が飛躍的に広がり、また、電子回路によって暗号がより効率的に実装できるようになりました。

このような計算機の発展を背景に、暗号化と復号が分離した公開鍵方式の時代がやってきます。たとえば第二章で採り上げた「ＲＳＡ暗号」は、現代社会で広く使われている、代表的な公開鍵方式の暗号です。秘匿することが前提であったアルゴリズムの詳細を公開し、誰でも暗号の安全性を検討できるという特徴をもつこれらの暗号は、それ以前の暗号と区別して現代暗号とよばれています。

公開鍵方式は、公開鍵を使うことによって誰でも暗号化したメッセージをつくることができるという大きな利便性があります。そしてアルゴリズムも鍵の一部も公開されているのにかかわらず、秘密鍵をもっている人しか復号できないという優れたしくみは、一般に、難しい数学的な問題を利用して構築されています。例に挙げた「ＲＳＡ暗号」は、現在のコンピュータが素因数分解という問題を解くのに時間がかかることを利用して、計算量的安全性を保証していました。しかし計算量的安全性は証明可能安全性（情報理論的安全性）とは異なり、ある暗号方式がどのような解読方法についても安全であるということを証明するのは困難で、言い換えればもっと速いコンピュータが誕生したり、新しい数学が発見されたりしたら、安全でなくなる可能性があることを意味します。

●通信理論と量子力学の出会い

ところで、シャノンによって打ち立てられた通信理論と、量子力学という物理の新しい考え方を結びつけたらどうなるでしょうか？　１９５０年代、ブタペスト生まれの物理学者デニス・ガボール（Gábor Dénes：１９００〜１９７９年）によって、通信理論と量子力学がはじめて出会います。ちなみにガボールは電気工学者でもあり、またユダヤ人であったため１９３３年イギリスに渡り、１９４７年のホログラフィの発明により１９７１年にノーベル賞を受賞したことでも広く知られています。そして重要なのは、ガボールは「通信とは物理現象である」という立場に立ち、物理学の視点からシャノンの理論をさらに発展させる仕事に取り組んだことです。彼は第三章で採り上げた「もうひとつのレイヤー」のアイデアにいち早くたどりついて、これを通信という分野にはじめて導入しました。

前章でも見てきたように、量子力学の体系の基礎には、物質は本質的に「波であり粒である」という理解がありました。たとえば光は電磁波であると同時に1つ、2つと数えることのできる光の粒、すなわち光子でもあります。光が大量に送られているとき、光はほぼ波の性質しか現すことはありません。ところが光の信号をどんどん弱くしていってある閾値を越えると、雨だれのようにポツリポツリと途切れはじめて、光の粒として到来するようになります。しかし光子の到来はランダムであり、つまり時々パラパラとまとめてやってきたり、さっぱりやってこなかったりという具合です。このような現象はポアソン分布とよばれる確率分布で特徴づけられます。ポアソン分布に従うとき、光子が到来したという事象と、次にいつ光子が到来するかという事象の間には何の関連もないという特徴があります。

この「信号がランダムに到来する」という性質は、受け取る側から見ると、いつ光子が到来するのかまったく予測できないことになります。ガボールは、この光の量子性に起因するランダムさが実は新たなノイズになることを指摘して「量子ノイズ」と名づけました。

●レーザー光と量子の深い関係

1960年、セオドア・メイマン（Theodore Harold Maiman：1927～2007年）はルビー結晶を使って、世界ではじめてレーザー光の発振に成功します。レーザー光は第三章でも触れたように位相のそろった特殊な光であり、その発振のしくみや性質は、量子力学抜きには理解することができません。

レーザー光を発振させるには、まずキャビティとよばれる箱を用意して、電子をより高いエネルギー準位にもち上げる装置を入れます。その内部に向かい合うように取り付けられた鏡の間を光が繰り返し往復すると、キャビティの長さの整数分の1となる波長をもった光が、定常波を形成していきます。自然界では通常、エネルギーの低い準位の電子数のほうが多いのに比べ、レーザーの場合は高い準位の電子のほうが多い状態になっており、この準位間のエネルギーの遷移を利用してレーザー光を発振するしくみです。

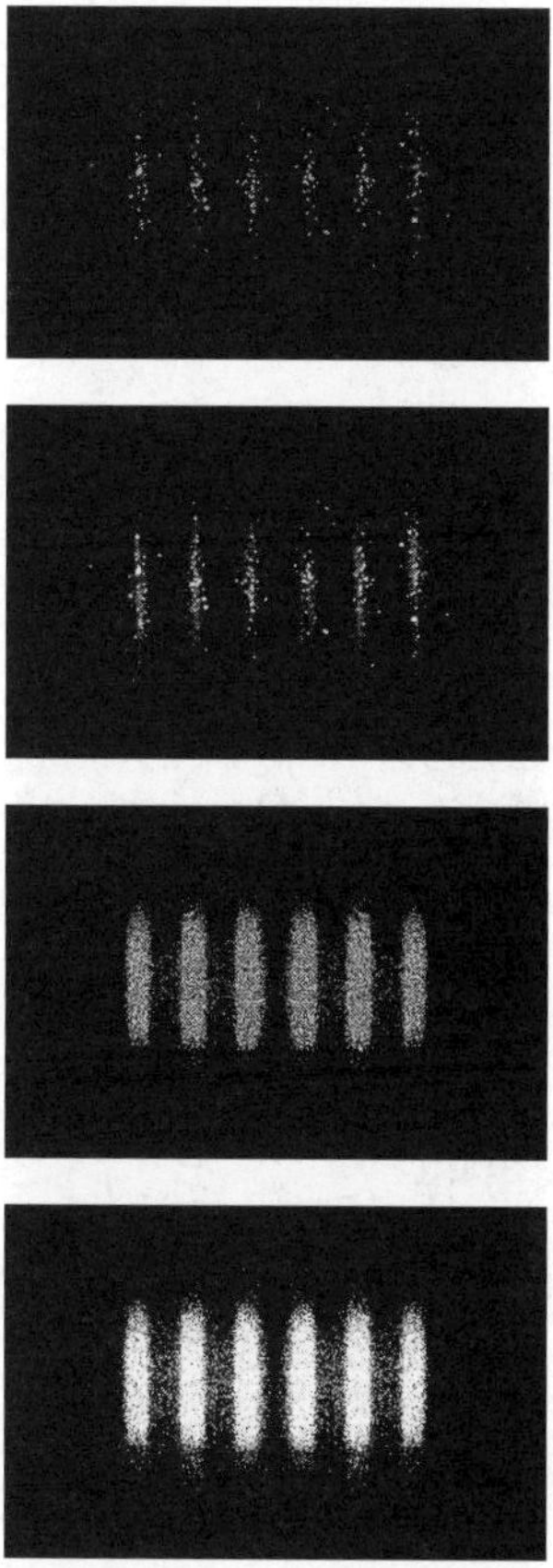

図 4—2　粒として到来する光

写真は、光の干渉性をとらえる「2重スリット実験」。光の強度を極限まで絞り込んで、順次スクリーンに向かって放射し、光子ひと粒ひと粒を光子検出器を使ってとらえたもの。(写真：浜松ホトニクス株式会社 中央研究所)

このように、レーザー光は量子系として構成された発振装置から出てくる人工的な光です。そしてその光の強度を光子の数として考えると、どこでも一定数になっているのではなく、ポアソン分布にしたがってランダムにゆらいでいます。この量子ノイズは、それまでの電波による通信では、ほとんど問題となることはありませんでした。なぜなら電波の周波数は比較的低いため、電波における光子1個のエネルギー $h\nu$ がまわりの熱雑音のエネルギーよりも小さく、光のもつ粒としての性質がかき消されていたためです。ところが、はるかに高い周波数をもつレーザー光の場合には、光子1個のエネルギー $h\nu$ がまわりの熱雑音のエネルギーを凌駕するため、量子ノイズが顕著になっていきます。レーザー光の誕生によって、ガボールが指摘した量子ノイズは、通信にとっていよいよ避けることのできない本質的で現実的な問題となったのでした。

そしてレーザー光の発振成功から3年後、ロイ・グラウバー（Roy Jay Glauber：1925年〜）がレーザー光を量子力学的に正確に取り扱う理論を構築して、量子ノイズの厳密な定式化も行います。つまりレーザー光は、さまざまな強度の光が位相を揃えて「重ね合わせ状態」になっており、その結果、非常にきれいな波としての性質をもちながら、一方では、光の強度がポアソン分布に従ってゆらいでいるように見えるのです。そのエネルギーをどんなに精密に測ろうとしても、重ね合わせ状態そのものからくる量子ノイズを取り除くことはできません。グラウバーはこのような「コヒーレント状態」の理論を導き、その後に物理学や光通信が発展する礎を築きました。

ガボールやグラウバーの研究を受け、1964年、米国ベル研究所のジェームズ・ゴードン（James Power Gordon：1928〜2013年）が、シャノンの情報理論の中に、光は粒であること、すなわち電磁波の離散性を取り入れて拡張することを試みます。ゴードンは、与えられた送信電力のもとで、離散性を示す $h\nu$ を考慮してシャノンのエントロピーを最大化する、という問題を解く中で、新しい公式にたどりつきます。そして、確率分布の対数関数を使って書かれていた「シャノンエントロピー」という量に代えて、新たに「状態密度行列」という量子力学の言語で書かれたエントロピー、いわゆる「フォンノイマンエントロピー」という量を導入しました。これはすでに量子物理学の研究で使われていた量であり、通信理論と量子力学が融合するための大きなきっかけとなります。ゴードンはいろいろな通信路や通信方式の具体例を調べ、フォンノイマンエントロピーによる計算値が例外なくシャノンエントロピーの計算値より大きく、その反例が見つからないことから、シャノンの言う通信路容量Cはもっと上げられるのではないか、と予想しました。

ただ当時はまだ、通信でやりとりする信号の検出過程を、量子力学まで考慮して定式化する理論は未完成だったため、ゴードンはエントロピーの最大化だけを頼りにシャノン理論にプランク定数を入れ込みました。実際、彼は論文の脚注に、信号検出過程に関する困惑を記しています。「量子系は不確定性原理のため測定によって信号状態が影響を受ける。信号検出過程の数学的モデル化は自明ではなく、そのモデル化まで顕わに考えない限り具体的なシステムに対する通信路容量を導いたとは言えないだろう。自分が導いた量はその上限値にすぎない」と。彼の上界予想がホレボー情報量として、線形損失通信路の真の通信路容量であることが証明されるのは、40年後のことです。ゴードンが苦悶しながら導いたフォンノイマンエントロピーによる表現は、量子通信誕生への重要な布石となったのでした。

●究極の通信路容量を求めて

それから1970年代にかけて、冷戦さなかのアメリカと旧ソ連で量子測定理論の研究が急速に進展し、またこの研究に必要な数学的な道具立てがそろっていきます。そして1973年、モスクワのステクロフ数学研究所のアレクサンダー・ホレボー(Alexander Semenovich Holevo：1943年〜)が、ゴードンの上界予想を厳密な数学定理として証明し、量子通信理論発展の基礎を築きます。この上界値の表現は、現在ではホレボー情報量として知られています。ホレボーら旧ソ連の理論家たちは、さらに「量子一括測定」とよばれる信号検出過程をも含めた新しい符号化をシャノンの理論に導入し、ホレボー情報量が最大通信路容量を示す公式であると考えて、その証明に挑みます。しかしホレボーの挑戦はあと一歩のところに迫りながら成功には至りませんでした。

一方シャノンの理論は、古典通信の領域において、1960年代前半までさまざまな研究者によって理論的な基礎が固められ、衛星通信と高速の情報処理の集積回路が登場するに至って、いよいよ実社会を支える実学へと変貌を遂げていきます。とくに衛星通信は、シャノンの理論とそれにもとづく符号化なくしては成り立たなかった通信のひとつです。衛星通信網の実用化は、それまでの1対1を主とした通信から多対多を扱う多端子情報理論の研究を促し、情報理論に第二の黄金期をもたらします。この時期、多重アクセス通信路、放送型通信路、干渉型通信路などを扱う新理論が次々と構築されていきます。とくに送信者と受信者に加え、盗聴者がいる場合を想定した1対2の多端子情報理論は、暗号学を発展させるもっとも基本的な理論になっていきました。

1976年、ベル研究所のアーロン・ワイナー（Aaron Wyner：1939～1997年）が、盗聴者へ漏れる情報量を限りなく小さく抑え、かつ正規の受信者への通信路容量を最大化する問題に取り組んで「秘匿容量」という概念を提案します。これは、雑音があり、さらに盗聴者もいるという状況で、送信者と受信者が安全かつ正確な通信をするための方法と条件、および性能限界を明らかにしたもので、暗号と通信を統合するための重要な一歩となるものでした。このアイデアは続く１９７７年、イムル・チザール（Imre Csiszár：１９３８年〜）とヤノス・ケルナー（János Körner）によって、さらに整備され、送信者と受信者を結ぶ主通信路と、盗聴者がタッピング（傍受）する盗聴通信路の性能が相対的にどのような関係にあるときに安全かつ正確な通信ができるかが、明らかになりました。これは、計算量的安全性にもとづく「アルゴリズミック」な暗号とは異なり、主通信路と盗聴通信路の物理的性質を顕わに考え、これらの相対的特性に応じてうまい符号化を行うことで、「証明可能安全性」を保証しつつ伝送効率も最大化するというものです。「物理層」に直接もとづくことから、現在では「物理層暗号」とよばれているこの方式は、すなわち、それまで別々に考えられてきた通信と暗号の問題を、符号化というひとつの概念の上で統合的に解決するアイデアだったのです。

さて通信とは、人類の電磁波利用の歴史でした。超長波・長波からマイクロ波、X線・ガンマ線まであらゆる帯域を使い、あらゆる手段を使ったら、所定のパワーを使って送ることができる最大量はいったいいくつなのか？　その答えの中に、人類が達し得る究極の通信路容量があるはずです。ホレボーが示した通信路容量の上限は究極の通信路容量なのか？　シャノンの理論は量子力学によってどう拡張されるのか？「量子ノイズ」は通信にとってどんな敵なのか？　これらの難問が解き明かされるまでには、一層基礎的な研究としての量子測定の理論の深化や、量子測定と符号理論の基本概念を結びつける新しいアイデアの登場などを待たなければならず、まだ長い道のりが続きます。

ナイキストやハートレーの時代から時は流れ、通信の主役はやがて電信から電話へ、そしてラジオ・テレビへと移っていきます。通信のニーズとネットワークのトラフィックが増え続ける中で、通信の大容量化は社会的にもますます重要な課題となっていきました。

第五章

量子鍵配送～これからの通信へ向けて

●次世代の光ネットワークへ向けて

現在の大容量通信を支える技術的背景のひとつに、光ファイバーの開発があります。光ファイバーはわが国が誇る技術であり、毎年行われる通信の主要な会議でも、光ファイバーを使った伝送容量の記録が更新され続けています。たった1本の光の道がある。セキュリティを考えず、所定のエネルギー量に対してなるべく多くの情報をのせよ――光通信のエンジニアにとって、通信技術とはそのような開発を競うものだと言ってよいでしょう。

実際、セキュリティの問題は、長い間このような通信の課題とは、まったく別個に議論されてきました。現在のインターネットは、通信路としての光ファイバーがあり、その中を流れる信号をＩＰルータが制御しており、このＩＰルータに情報を暗号化するソフトウェアを実装しています。ただ、第二章でも見てきたように、これは証明可能な安全性ではなく、現在のコンピュータが解くのに時間がかかることを安全性の根拠にしていました。

また通信にどのような秘匿性が求められるかは時代によっても使う目的によっても違いますが、通信の容量とセキュリティは一般にトレードオフの関係にあります。セキュリティを上げれば通信速度や容量が下がり、セキュリティをあまり気にしなくてもよいならばその分速度や容量を上げることができます。

このような関係を考えるために、秘匿容量が通信路損失の増加とともにどのように変化するかを表した、図5―1のグラフを見てみましょう。一般に通信距離が伸びるに従って、通信路損失は増加して行きます。グラフの横軸はデシベル（dB）で通信路損失を表しており、グラフの右へ行くほど「より遠くへ」を実現する通信であることを表しています。例えばマイナス40 dBとは、送信電力が10のマイナス4乗（1万分の1）まで減衰する損失を、マイナス80 dBとは10のマイナス8乗（1億分の1）まで減衰する損失を意味します。縦軸は「より多く」を示し、通信の容量、中でも証明可能安全性を保つ秘匿容量を表しています。グラフ中のAは、大容量かつ長距離を実現しますが、盗聴はないものとしてセキュリティを考慮しない場合の指標値であり、とにかく遠くまでできるだけ多くの情報を届けたい場合の性能限界の一例です。これに対してBは、物理層にセキュリティを実装した「物理層暗号」特性の例です。3本ある破線、点線、1点鎖線は、盗聴通信路と主通信路における信号電力比が0・5、0・95、0・999の場合に相当します。Bの1点鎖線の例では、盗聴者は受信者が手にする受信電力とほぼ同じ、厳密にはその0・999倍を盗聴できると仮定しています。この場合、グラフを見ると、「物理層暗号」は大容量と長距離の両面をほとんど犠牲にすることなく、セキュリティを実現していることがわかります。

グラフのBに示した物理層暗号は、全知全能の盗聴者に対しても絶対安全とまでは行きませんが、現在運用されている計算量的安全性とは質的に違ったセキュリティ、すなわち証明可能安全性を実現します。言い換えると、このような物理的特性の盗聴通信路を介して万が一情報が漏れたとしても、未来永劫どんな計算技術をもってしても解読できないことを意味します。この意味では現在と比べて格段にセキュアな通信であり、し

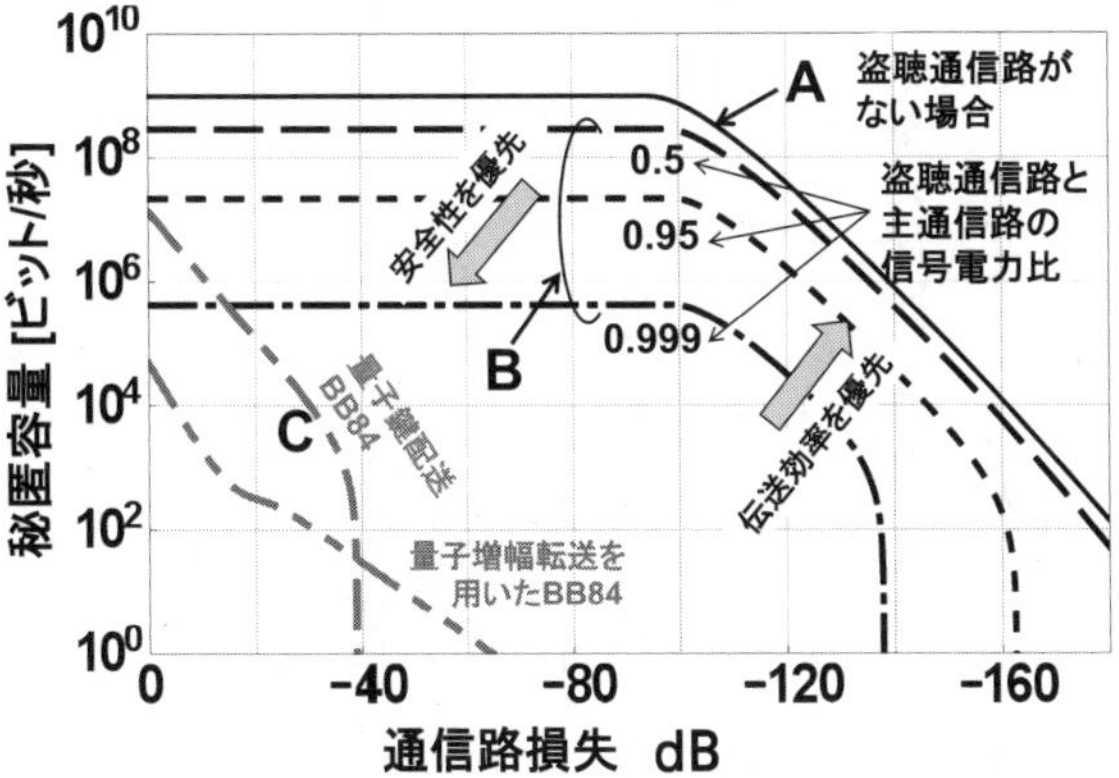

図 5―1　通信距離とともに増加する通信路損失に対する秘匿容量の変化

横軸はデシベル（dB）表示の通信路損失で、右行くほど「より遠くへ」を表し、縦軸は「より多く伝える」という通信の容量を示している。したがってもし理想的な通信をグラフに描くとしたら、なるべくグラフの上方に、右肩下がりにならないでまっすぐ伸びていくような線を描いていくようなものになるはずだ。しかし現実の通信路には必ず損失があるため、結果的に図のようになる。このうち B の通信「物理層暗号」は、セキュリティを備えながら大容量かつ長距離を実現する点で、とくに注目に値する。A：セキュリティのない通信、B：物理層暗号、C：量子鍵配送（図版：情報通信研究機構 未来 ICT 研究所 量子 ICT 研究室）

かも秘匿容量も大きいため、「より遠くへ」を実現できるという特徴があります。実際のニーズに合った応用がいろいろ開発可能なことからも、将来へ向けて大きな期待がかかっています。

さて今度は、グラフのCを見てみましょう。これは無条件の安全性を実現する方式の特性を示したものです。無条件に安全ということは、これまで人類の歴史で繰り広げられてきた暗号化と盗聴の歴史に、ともかく終止符が打たれるということを意味します。しかもこれを使った通信では、全知全能の盗聴者に対しても、暗号化された秘密が未来永劫にわたって守られることが証明されています。これが、これからご紹介していく「量子鍵配送」という量子暗号方式です。この量子暗号方式は、2つのステップから構成されます。ひとつは、1個1個の光の粒、いわゆる光子を使って暗号鍵となる乱数列を安全に作成・共有する量子鍵配送（Quantum Key Distribution：略してQKDとよんでいます）とよばれるステップ、もうひとつは、その暗号鍵を使ってワンタイムパッドで暗号化を行うステップです。なお量子暗号は、これ以外にも、秘密分散や秘密計算といった古典暗号を量子効果を使って行うなどの新しい機能を持つ方式も研究されており、将来もっと広い技術を指すものになるでしょう。

●偶然の出会いが生んだＢＢ84

ところで安全な通信を実現する量子暗号という分野は、実はまったくの偶然による、暗号学と量子力学との鮮烈な出会いからスタートしたことが伝えられています。

１９８２年、プエルトリコのプールサイドで２人の人物が出会います。ひとりは、休暇でプエルトリコのホテルに滞在していたＩＢＭ研究所の量子物理学者。彼はプールで泳いだりしながら、ふとプールサイドにいた男性に話しかけます。すると男はなんとモントリオール大学から来た暗号学者だというのです。話は弾んで、量子暗号につながるひとつのアイデアが生まれます。量子物理学者の名前はチャールズ・ベネット（Charles Henry Bennett：１９４３年～）、暗号学者の名前はジル・ブラサール（Gilles Brassard：１９５５年～）。２人の名前と、その記念すべき発表の年を組み合わせて、世界ではじめて誕生した具体的な量子暗号の方式は、後にＢＢ84（量子鍵配送）と名づけられました。

ところが、絶対安全を保証するこの画期的なアイデアをまとめた論文は、どうしたことか3つの学会で続けざまに却下されてしまいました。ブラサールの友人が招いてくれたバンガロールの国際会議でやっと発表されることになったのが、名の由来の一部となった1984年です。さらに、その後約10年もの間、この発明は、世界的にまったく注目を浴びることはありませんでした。変化が訪れるのは1994年、米国ベル研究所のピーター・ショアが量子コンピュータの素因数分解アルゴリズムを発表し、「量子コンピュータが実現すれば、現在の暗号はすべて破られてしまう」ことを示したことです。「ショアのアルゴリズム」で知られるこの提案は世界的に大きなインパクトを与え、量子コンピュータでも破れない究極の暗号として、量子暗号が一気に注目されるようになったのでした。なお、量子鍵配送と言えばＢＢ84のことを指す場合が多いのですが、現在はＢＢ84以降に提案された新しいプロトコルもいくつか加わっています。

量子鍵配送が保証する、このような継続的に未来永劫おびやかされない安全性を「エバーラスティング・シークラシー」と言います。近年はとくに、「ビッグデータ時代」が叫ばれる中で、新たな注目を浴びるようになってきたことは、前章までに見てきた通りです。通常やりとりされる暗号では、ある一定時間秘密が守られれば、十分に役立つ場合も多いのですが、計算量的安全性しか保証されていない場合、データを盗って保存しておこうという盗聴者が現れれば、将来もっと速いコンピュータが登場したとき解読されてしまう危険性があります。たとえば医療機関における患者さんの病歴や遺伝子情報のようなデータは、ひとたび悪意のある人の手に渡れば、個人やその子孫にわたって長く本人たちの意に沿わない使い方をされないとも限りません。今後はますます個人に則した情報がネットワーク上にのってくるであろうことから、これからの社会が、より高品位なセキュリティを必要とするようになってくることは、自然な流れと考えられます。

●量子鍵配送のしくみ

さて光の量子的な性質を使って、通信路の物理層に直接セキュリティを実装する量子暗号の中でも、現在もっとも多く研究開発がなされているのが量子鍵配送です。量子鍵配送は、実際の通信にとりかかる前に、まず通信したい両者間のやりとりを通じて、この2人だけが知っている共通の「暗号鍵」を生成します。この鍵は、一般に「0」と「1」からなるひと続きの数字の列です。通信を説明する際の通例にならって送信者をアリス、受信者をボブとよぶことにして、鍵生成の流れを簡単に見ていくことにしましょう。

アリスはまず鍵のもととなるひと続きの数列を用意します。そして「0でもあり1でもある」重ね合わせ状態、いわゆる量子ビットを利用してひとつずつ符号化して、ボブに送ります。量子ビットを測定してその1ビット分の情報を読み出すために、2種類の測定方法A・Bを準備することにします。アリスは1量子ビットごとに測定の種類をラ

図 5—2　量子鍵配送のしくみ 1

上図：まず重ね合わせ状態にある量子ビットと、これを測定する方法 A・B を用意する。図は測定 A を「たてむき」の測定、測定 B を「よこむき」の測定で表したもの。
中図：アリス（図の女の子）は測定方法をランダムに選び、たて測定で 1、よこ測定で 1、よこ測定で 1、よこ測定で 0 になる 4 量子ビットを送る（実際には長い数列を使う）。
下図：ボブ（図の猫）は、量子ビットを受信して、測定方法をランダムに選んで 1 量子ビットずつ測定する。
（写真：ウェブサイト『週刊リョーシカ！』）

ンダムに選び、たとえばひとつめは測定Aを行うと1になるもの、ふたつめは測定Bを行うと1になるもの……というように送ります。ボブは情報の乗った量子ビットをひとつずつ受け取り、さっそく測定にとりかかります。しかしボブはアリスが選んだ測定の種類を知らないため、やはりランダムに選んで測定します。すべての量子状態を測定し終えると、ボブの側にも0と1でできた数列ができあがります。

ここでアリスとボブは別の通信経路を使って、A・Bどちらの測定方法を選んだかという情報だけをお互いに伝え合います。そこでアリスとボブはそれぞれの数列の中から、2人が違う測定の種類を選んでしまった場合の値を捨て、同じ場合に得た数字だけを残すのです。このようにして2人の側にそれぞれ残った新しい数列が、共通の鍵です。いったん安全な鍵を共有できれば、後は送りたいメッセージに鍵を足し算して暗号化するだけです。仮に誰かが暗号文を盗んでも、ただランダムな数が並んでいるように見えるため、鍵がなければ情報を読むことはできません。そして受信者は、受け取った暗号文から暗号鍵を引き算することで、元のメッセージを瞬時に解読することができま

図 5—3　量子鍵配送のしくみ 2

上図：2 人の手元にひと続きの数列ができる（違うところがあるのは、異なる測定方法を選んだため）。
中図：2 人は別の通信経路を使って、どちらの測定方法を選んだかという情報だけを伝え合う。
下図：同じ測定方法で得た数字だけを残せば、共通の鍵のできあがり。
（写真：ウェブサイト『週刊リョーシカ！』）

す。

　これが、一見気まぐれにも見える量子の重ね合わせという性質が、盗聴者に対しては情報を隠し、受信者には正しい情報を伝えるよう働いて、うまく情報を守ってくれるしくみです。さらに、重ね合わせ状態にはひとたび測定すると元には戻らないという性質があるため、万が一盗聴されても必ずその痕跡が残るという大きな特徴が生まれます。たとえば、2人の間に、アリスからのメッセージを傍受して情報を得ようという盗聴者イブが現れ、量子ビットを盗んでさっそく測定にとりかかるとします。しかし量子ビットは重ね合わせ状態を利用して符号化されているため、イブはとにかくAかBかを選んで、測定しなければなりません。アリスがどちらの測定を選んだかを知らないイブが、すべて偶然にアリスと同じ測定の種類を選ぶといったことはとても考えられません。また違った測定を選んで、アリスと同じ値になる確率は2分の1です。そこで、アリスになりすましたイブから送られてくる量子ビットには、元の状態とは違う量子ビットが必ず混入することになります。これが盗聴の動かぬ証拠となるのです。

セキュリティの高いこの鍵を量子鍵配送によってどんどん生成し、ワンタイムパッドで運用することによって、量子暗号は、無条件の安全性を保証します。これがシャノンの情報理論のところで触れた「情報理論的安全性」であり、どんなに速いコンピュータが誕生しても、新しい数学の理論が見つかっても、破ることはできません。

●世界のフィールド実験動向

量子暗号方式は現在、人類が知り得る最強の暗号ですが、その伝送距離と速度にはまだ限界があります。たとえば、日本の都市圏に敷設されている光ファイバー50キロメートル圏で量子鍵配送を行った場合、暗号鍵の生成速度は毎秒20万〜30万ビットであり、後述するようにMPEG4形式の動画データをワンタイムパッド暗号化できるといった速さです。暗号鍵の生成速度は100キロメートルでは毎秒1万ビット程度まで劣化するため、まださまざまな用途で自在に使える段階にあるとは言えません。

量子暗号技術の難しさは、ひとことで言えば、これまでの光通信では雑音レベルでさえなかった非常に小さなエネルギーの光子を、雑音から隔離しながら巧みに伝送しなければならないところにあります。

そもそも通信技術とは損失と雑音との戦いでした。現在では、その光子の粒を雑音に埋もれずに1個1個検出できるようになってきたものの、少しでも弱いところがあれば、たちまち雑音が紛れ込んできます。たとえば光ファイバーのわずかな変化も、すぐ性能に影響を及ぼします。同時に、この高精細な性質こそが、あらゆる盗聴行為を見逃すことなく検知できる要因ともなっているのです。

さてこのような技術が今に至るまでには、世界各国で懸命な研究開発が行われてきました。量子暗号は、1990年代半ばから欧米を中心に研究開発の取り組みが本格化し、2000年以降はいよいよフィールド実験の時代を迎え、実用化へ向けての動きが活発化しています。たとえば2002年にはスイスのベンチャー企業 ID Quantique 社が誕生し、世界ではじめて量子鍵配送システムを商品化しました。以来、欧米ベンチャーによる製品化が相次ぎ、おもに研究機関や、また一部は銀行などにも納入されてい

図 5—4　世界の量子鍵配送

1：イギリスでは、東芝欧州研究所とケンブリッジ研究所がQKD 実験に成功
2：QKD 装置を製造・販売するパリのベンチャー SeQureNetによる民間の QKD 実験
3：CERN やジュネーヴ大学などを結ぶ、世界最長の QKDフィールドテスト（2011 年）
4：通常の都市圏の光通信ネットワーク上での QKD 通信を目指す、マドリッドの例
5：2010 年の FIFA ワールドカップでは QKD を使って試合を配信（南アフリカ・ダーバン）
6：中国は 2013 年、気球と地上間の QKD をフィールド実験（中国科学技術大学）
7：2012 年には衛星搭載を想定した QKD 実験で、量子もつれを確認（中国科学技術大学）
8：東京 QKD ネットワーク。2013 年には 30 日間メンテナンスフリー連続運転に成功
9：空間中の光子伝送を通じた BB84 フィールド実験等（シンガポール国立大学）
10：カナダでは 2011 年、長距離 QKD フィールド実験に成功（カルガリー大学）
11：アメリカ国防高等研究計画局（DARPA）が、量子的なネットワーク運用を推進（2012 ～ 2015 年）
12：ワシントン DC でも複数の研究機関による共同 QKD ネットワーク研究が行われた

（図版：ウェブサイト『ようこそ量子』）

ます。

アメリカでは2005年、国防高等研究計画局（DARPA）のプロジェクトがボストン地区にはじめての量子鍵配送ネットワークを構築し、3地点間でのフィールド実験に成功しました。その後、アメリカでは量子暗号の研究は国家機密の研究に移行したとも言われ、学会などでの成果発表があまり行われない時期もあるなど、実際のところはあまり知られていません。しかし近年になって、DARPAはさらなる長距離・高速化を目指す次世代技術の国家プロジェクトを開始しています。2012年から2015年にかけて年間250万ドルの予算で、アメリカやカナダのトップクラスの研究者らが結集して研究開発が推進されています。

ヨーロッパでは2007年、ジュネーブで量子鍵配送の実利用がはじまり、その後スイス連邦議会選挙の投票結果の集計通信に、量子鍵配送システムがはじめて利用されて話題をよびました。また大規模なフィールド実験として、2008年には12か国、41機関の研究チームが参加した欧州連合のプロジェクトSECOQC（Secure

Communication based on Quantum Cryptography）のフィールド実験がウィーン市内で行われ、平均20～30キロメートル、最大83キロメートルの量子鍵配送の実証デモに成功しました。

２０１０年、南アフリカの都市ダーバンで開催されたサッカーの祭典「ＦＩＦＡワールドカップ」に量子鍵配送を使った通信が使われたのは、記憶に新しいところです。KwaZulu-Natal 大学が中心となったこのプロジェクトでは、試合会場のダーバンスタジアムと市内の中継局が量子鍵配送で結ばれ、全世界に試合の様子を配信しました。このほかにもマドリード、パリ、ジュネーブ、ケンブリッジなど多くの都市で、さまざまなフィールド実験が成功を収めており、半径数十キロメートル程度の都市圏ネットワークの実用化は、もう目前まで来ています。さらに２０１１年には、カナダのカルガリー大学が１００キロメートルを越える長距離量子鍵配送に成功し、話題を集めました。

ただ都市圏を超える範囲となると、現在の量子鍵配送には伝送距離に限界があり、安全性を保証できる範囲は２００キロメートル程度と考えられています。さらに都市間

（数百〜千キロメートル）や大陸間（数千〜1万キロメートル）へと拡張するためには、量子状態を壊すことなく中継していく「量子中継」の技術を開発する必要があります。

いかに伝送距離を伸ばすかという挑戦だけでなく、近年は1対1の通信から、量子鍵配送の利用をネットワークで実現する多点間システムの開発も進められています。また通信路についても光ファイバーを用いず、上空に飛ばして通信する試みが登場しています。中国では中国科学技術大学が２０１２年、衛星に搭載することを想定した量子鍵配送の実験を行い、伝送距離１００キロメートル超で量子もつれを確認したり、２０１３年には気球と地上間で伝送距離96キロメートル・速度１５９・４ｂｐｓのフィールド実験が行われました。シンガポール国立大学では２００６年、量子的にもつれたＥＰＲ相関をもつ光子対を使った、新しい量子鍵配送のフィールド実験に成功しています。

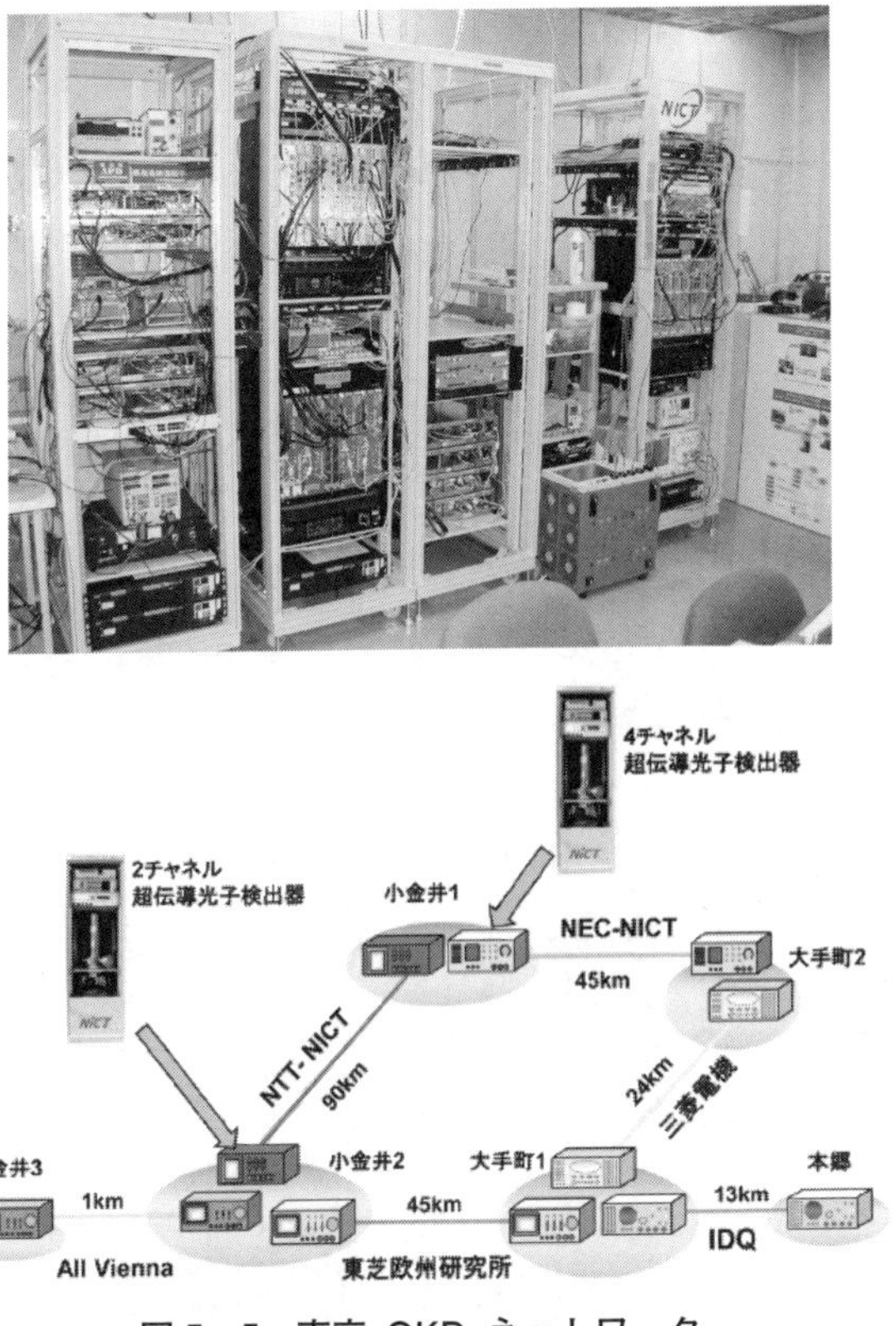

図 5—5　東京 QKD ネットワーク

写真は、現在もつながっている「東京 QKD ネットワーク」の小金井制御室。図版は 2010 年 10 月に行われた公開実験のシステム図。各ノードに配置された量子暗号装置は、実際に都内に敷設された商用光ファイバーでつながれている。（写真・図版：情報通信研究機構 未来 ICT 研究所 量子 ICT 研究室）

●進化する東京QKDネットワーク

このような世界的な動きの中で、日本では2001年、郵政省のもとで、量子暗号の本格的な国家プロジェクトがスタートしました。情報通信研究機構（NICT）が推進する委託研究・共同研究による量子暗号技術の開発に加え、日本電気株式会社、三菱電機株式会社、日本電信電話株式会社、そして2011年からは株式会社東芝も加わった企業4社が参加して技術開発が進められています。このような産学官連携の体制のもと、NICTでは、テスト用として東京圏に敷設された光ファイバーネットワーク上に量子鍵配送ネットワークを構築し、長期運用試験を行ってきました。2010年10月にはこの「東京QKDネットワーク（Tokyo QKD Network）」を公開し、テレビ会議を行って量子鍵配送の性能を確かめるフィールド実験を行いました。

実験は図5―5のように各社と合同で、まずNICTのある小金井と、大手町を結ぶ4つのルートをもつ、50キロメートル圏の量子鍵配送ネットワークを構築しました。そして送信側では光子源から光子を発信し、光子を変調させる装置を介して光子の重ね合わせ状態を生成します。さらに「光子信号送信装置」で毎秒10億個、受信者へ向けて光ファイバー中に送り込みます。受信側でこれを受け取るのは「光子検出器」です。送られてきた光子ひと粒ひと粒を検出して情報を読み出し、今度は別回路で送信側と測定情報をやりとりして鍵を生成します。

このような準備を整え、予定時刻に小金井—大手町間でテレビ会議を開始して、動画で標準的なＭＰＥＧ４形式のデータをリアルタイムで暗号化しながら送信していきます。これを可能にする暗号化速度は、１００ｋｂｐｓを達成しました。さらにルートの途中に高度な傍受装置を配置して「実際に傍受されたことがわかるか」、「傍受されたら別の経路に迂回させることができるか」、「その間データが途切れることはないか」という実際の盗聴アタックを想定した試験も行い、理論通りに盗聴の「痕跡」が発見できることを確認しました。また、ネットワーク化は、信頼できるノードを設けて、その中で暗号鍵を別の暗号鍵でカプセルリレーすることによって行います。各ノードに鍵管理エージェントという装置があり、正規のユーザでない相手に誤って鍵をリレーしてしまわないよう、最新の認証技術と組み合わせながら安全な鍵リレーを実現しています。

２０１０年のフィールド実験が無事成功のうちに終了してからは、実際のネットワーク環境での利用を前提とした技術のブラッシュアップが進められています。たとえば地上に敷設された光ファイバーネットワークは一般に環境の影響を受けやすく、朝、太陽が昇ってくるだけでも光ファイバーの温度が変化して、光子の伝送特性が変動します。そこで量子鍵配送ネットワークを安定動作させるために、装置変動と気象データ等との相関を解析し、通信を妨げる主要因を解明することで、動作の安定度を向上させました。またワンタイムパッドで運用するためにはどんどん鍵をつくらなければならないため、「光子の波長多重」という世界的にも新しい技術で、鍵の生成レートを向上させる実験にも成功しています。

また実用化を推進していくには、実際の使用環境で、長期にわたって故障なく安定動作できる品質保証試験を、十分に積んでいかなければなりません。２０１３年には、日本電気株式会社との共同研究で、伝送距離22キロメートルの量子鍵配送を、メンテナンスフリーで連続30日間にわたって運用するテストを行いました。用いた光ファイバーは90%が電柱をわたる空中に敷設されており、気象変動の影響を大きく受ける過酷な環境です。このような環境下でも平均鍵生成レート240kbps、エラーレート1.70%という世界トップクラスの高性能が達成できたことには、隔世の感があります。

ところで「絶対安全」な量子鍵配送も、暗号学一般に当てはまるのと同じ問題を抱えています。中でも大きな問題は、原理・設計と実際の装置の〝ずれ〟「サイドチャンネル」を突く攻撃です。たとえば実際の装置内にはさまざまな電子機器があり、そこから漏れた電磁波を解析することで暗号が解読されてしまうといったケースが考えられます。これらに対処するには、まず原理・設計通りに装置を動作させ、さらに実際のネットワーク環境でサイドチャンネル攻撃の検証を積み上げていかなければなりません。

このような検証から比較的最近明らかになったもののひとつが、量子ならではの弱点を突く「明光照射」という攻撃です。量子鍵配送は受信側で「光子検出器」が、光子ひと粒ひと粒というきわめて微弱な光を受け入れようと待ち構えています。この装置へ向けて大量の光を照射すると、目くらましのような効果を与え、検出器の性能が狂わされてしまうのです。その隙を突いてアタックをしかけると、盗聴される危険があります。しかし明光照射攻撃への対策は比較的簡単であり、一定量以上の光を受けたら攻撃として検知し、動作を停止するしくみを入れるなどの対策が、すでに取られています。しかし、このことは量子鍵配送が万能ではないことも示しています。量子鍵配送は、どんな盗聴攻撃も検知することが原理的に可能なのですが、攻撃自体を止めることはできないという点です。もし盗聴者が攻撃をし続ければ、量子鍵配送自体を停止させ続けることができます。これはいわゆるサービス停止攻撃とよばれます。したがって、実際の運用では、常にサービス停止攻撃を回避できるようなバックアップ回線を常備し、ネットワーク全体として、安全な量子鍵配送機能を維持できるようにしなければなりません。現在、このような実際的なネットワーク・ソリューションとしての仕上げが地道に行われています。

●セキュリティを供給するQKD

このように量子鍵配送は、実用化目前まで開発が進み、すでに具体的なユーザを想定したシステムの開発の段階に入っています。これからの課題としては、量子鍵配送の一層の高速化、そして新しい応用用途の拡大が挙げられます。そしてより長期的には一層の長距離化へ向けて、先ほど触れた量子中継の研究開発も、世界的に推進されているところです。

さて量子鍵配送の高速化で要となるのは、光子検出器の速度アップです。現在の光通信では、1個のパルス内に1万個以上もの光子が含まれており、これならば雑音に埋もれることなく毎秒千億個という速度で次々と信号パルスを検出することができます。ところが量子鍵配送ではひとつのパルスに光子ひとつしかないような微弱な強度で伝送するため、光子ひとつひとつを雑音が混入しないよう増幅しながら読み出してゆく必要があるのです。そこでこの10年ほどの開発によって、速度は100倍以上改善され、現在、毎秒一億個を検出可能なところまで発達してきました。また光子検出器には、比較的小型で安価につくれる半導体方式と、やや高価ながら低雑音性に優れた超伝導方式の2種類があり、それぞれの長所を生かした開発が進められています。さらなる高速化へ向けて、多数の受光素子を並べることで検出速度を向上させる技術なども開発されつつあります。

また量子鍵配送は、都市圏規模のネットワークを構築するようなものだけでなく、ＱＩＣＴ時代ならではの応用化として、既存のネットワークやスマートフォン、フェリカリーダのような情報端末などと連携した使い方にも活かすことができます。「絶対安全」な鍵を欲しいときにいつでも供給できるという量子鍵配送ならではのセキュアな技術を、さまざまなアプリケーションを通じて、いろいろなシーンで活用してもらおうというわけです。そこで現在、インターネットの安全性を支えるＩＰｓｅｃとの互換性を有し、スマートフォンやフェリカリーダとも接続可能なアプリケーション・インターフェースを開発して東京ＱＫＤネットワークに組み込み、ＱＫＤプラットフォームという

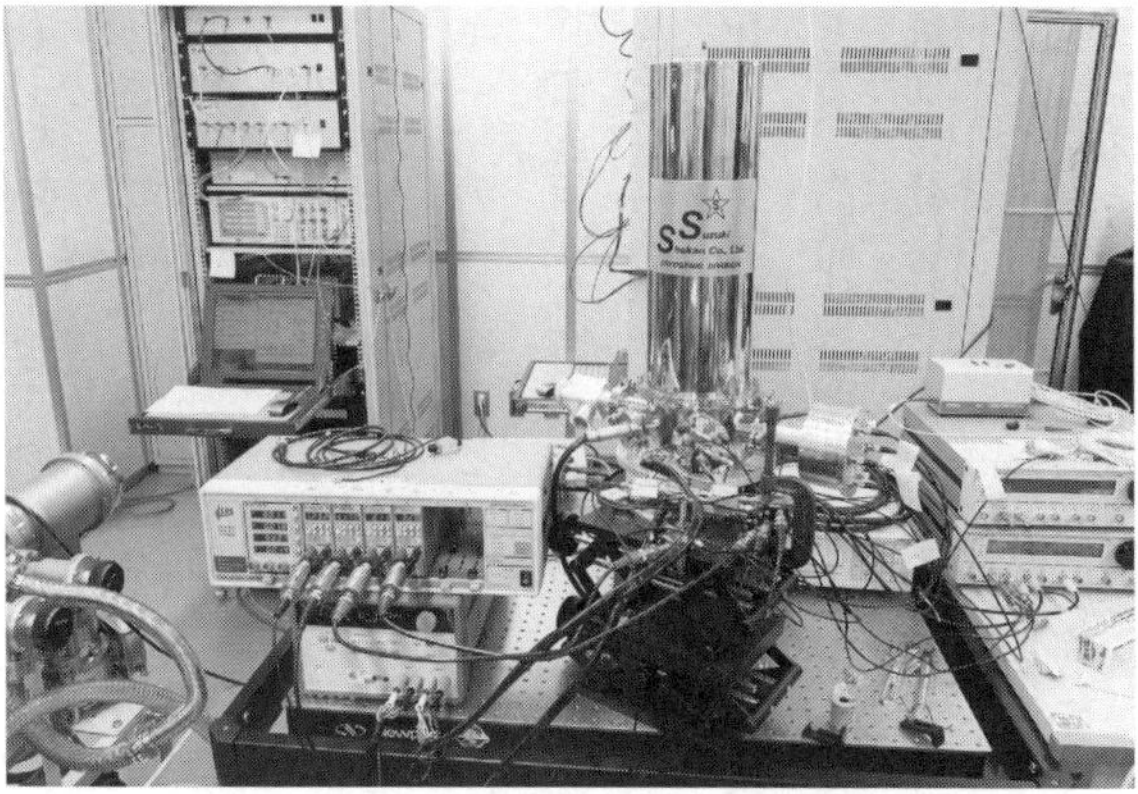

図 5―6　超伝導量子暗号ネットワーク監視装置

写真は、低雑音性に優れる超伝導方式の量子暗号ネットワーク監視装置。現在、量子鍵配送のさらなる高性能化の鍵を握るのが、光子検出器の性能だ。銀色の円柱の部分が冷却装置で、この中で光子を検出する。半導体光子検出器と比べて低雑音性に優れ、減衰により到来頻度が減った光子でも高精度で検出できるため長距離化に有効である。（写真：情報通信研究機構 未来ICT 研究所 量子 ICT 研究室）

新しいネットワークソリューションを開発しています。これを既存のネットワークに導入することで、量子鍵配送による安全な暗号鍵をさまざまなセキュリティ技術の安全性強化に活用できるようになります。たとえばスマートフォンなどが充電しているときに暗号鍵を供給して溜めておき、ユーザがネットワークバンキングやカード情報をやりとりしたり、一般通話や動画の送受信を行う際などに背後で働いて、きわめて高品位なセキュリティを担うといった使い方が実現できるのです。

このほか、既存のネットワーク上の重要なノードを量子鍵配送で結び、安全性を向上させる「ノード認証」技術など、さらなる利用拡大につながる機能拡張やマルチユーザ化の研究開発も進めています。波であり粒子であるという原理的な性質を使いこなすことで、高品位なセキュリティを実現する量子技術は、将来、私たちの生活のさまざまな場面に登場してくることでしょう。

ただし、本当に現実の製品になってくるためには、まだまだ乗り越えなければならない課題が多いことも事実です。それは第一にコストであり、量子暗号装置の値段はまだ

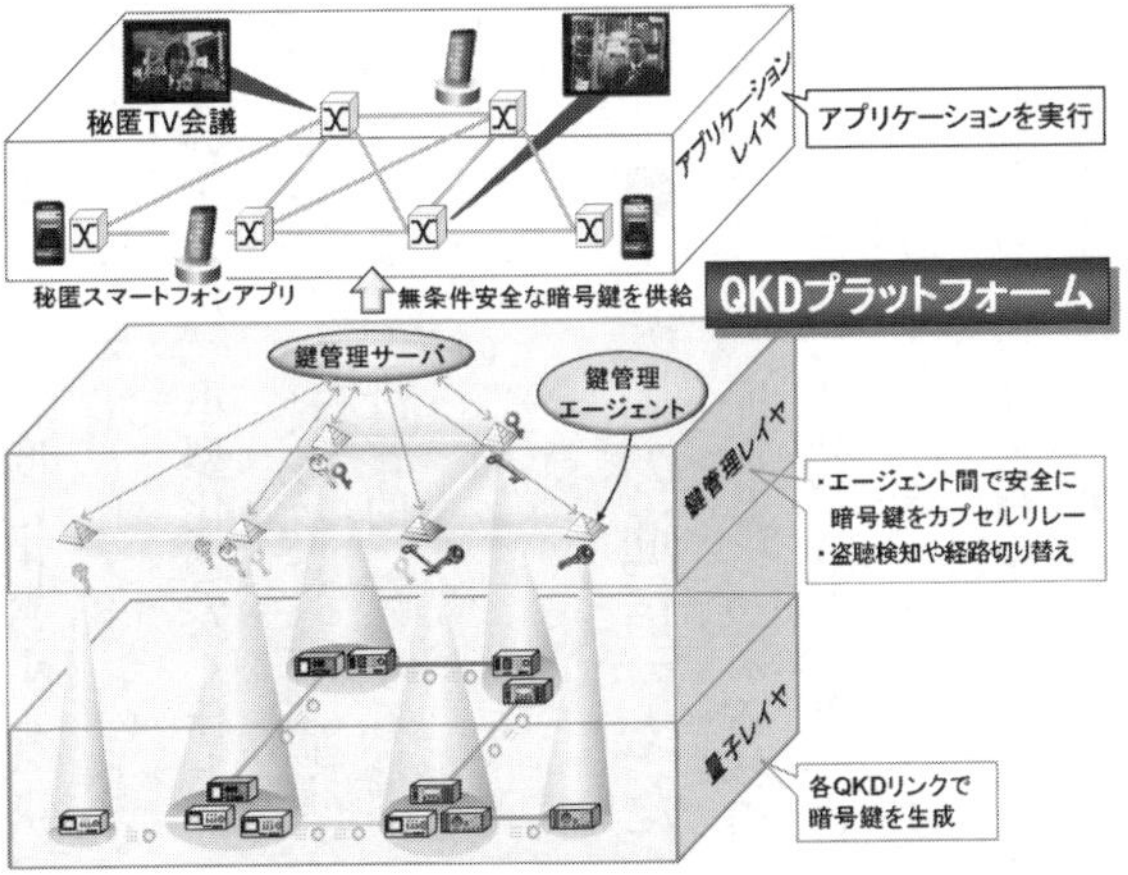

図 5—7 QKD プラットフォーム

光子を使って量子鍵配送（QKD）により暗号鍵の配送を行う「量子レイヤー」と、生成した暗号鍵を蓄積し管理運用する「鍵管理レイヤー」がある。長距離化やネットワーク化は、信頼できるノードを設けて、その中で暗号鍵を別の暗号鍵でカプセルリレーすることにより行う。鍵管理レイヤーでは、各ノードに鍵管理エージェントという装置があり、QKD の暗号鍵の一部を使う最新の認証技術と組み合わせて安全な鍵リレーを実現する。鍵管理サーバはネットワーク全体での暗号鍵の蓄積状況、消費状況、盗聴の有無などを集中管理し、盗聴攻撃があった際の経路切り替えなども行う。さらに、既存のセキュリティシステムへ暗号鍵を供給するアプリケーション・インターフェースも組み込んで、QKD プラットフォームというシステムが構成される。

自家用車の10倍程度に相当するため、一般の方々が気軽に買えるものではありません。またテレビやスマートフォンのように誰もが簡単に操作でき、持ち運べるほどには成熟していません。小型化と安く仕上げる実装技術の開発は、地味ですが、どうしても欠かせないステップであることは間違いありません。その先に、使い手が意識することなく、これまでとは質的に異なる量子ならではの堅牢な安全性を、万民が享受できる時代が待っているのです。

●「究極の通信」ふたたび

このように、完成しつつある技術を多くの人に届けるための仕上げの作業を進める一方で、われわれは今、限界を突き詰める苦闘の中から、QICTの真のポテンシャルに触れつつあります。そこで本章の残りの2節では、実際に研究開発の最前線で研究を行う立場から、現在進行中の量子暗号についていくつかの展望を加えてみましょう。

量子鍵配送のしくみを一通り眺めてきたところで、改めて図5―1のグラフのCを見ると、やはりある地点から急激に低下しており、このことが広い利活用を阻む原因ともなっていることが見てとれます。実際、われわれはいま、取り組んでいる技術の限界を熟知すればするほど、これを突破するにはどうしたらよいのか、大きなブレークスルーの必要性を痛感しています。つまり――もっとよい量子鍵配送のやり方はないのでしょうか？

量子鍵配送の実現というひとつの大きな壁を乗り越えてきて、さらにその先へ性能を伸ばそうという研究の最前線では、量子暗号や量子通信を統合してさらに進化させる新しい可能性が、実は、垣間見えてきているのです。しかもそれはたくさんある可能性のほんの一部であり、別の分野の知識や技術を導入することによって、もっと大きく広がることを予感させる風景だと言っても、過言ではありません。

さて、このことを考えるには、前章の末尾に述べた究極の通信路容量の話にいま一度立ち返る必要があります。

ホレボー情報量を巡る究極の通信路容量の問題への最初の突破口は、1995年にべンジャミン・シューマッハー（Benjamin Schumacher）らアメリカ・イギリスの理論チームによって開かれました。彼らは、古典雑音がない場合、このホレボー情報量が実際に達成可能な通信路容量であることを証明したのです。このチームのうち何人かは宇宙論の研究室出身で、ブラックホールのエントロピーを計算するためにフォンノイマンエントロピーに親しんでいました。そして２００６年、箱根で開催された国際会議でこの理論チームのメンバーとホレボーら旧ソ連の理論家が対面し、研究は一層進展します。実際、著者のひとりである私、佐々木はその場に居合わせたのですが、ホレボーはそこで20年前の取り組みに欠けていたものに気づき、一気に古典雑音を含めた証明へと拡張する方法を発見するに至るのです。そしてシャノンの通信理論も「もうひとつのレイヤー」まで掘り進められ、プランク定数を含む一般理論に向けて大きく前進しました。

この頃情報通信研究機構では、ホレボーやシューマッハーらの理論が描く、シャノンの容量限界を超えた新しい通信領域へ踏み出す実験がはじめられていました。中でも受信した信号の系列をすぐに測定するのではなく、いったん重ね合わせの原理によって量子情報処理してから測定することにより、量子の世界の干渉が引き起こされ、信号の識別性が向上することがわかってきたことは、大きな前進だったと言えます。すなわち――新しい通信を開く鍵は、復号過程にあったのです。

この実験を突き詰めていく中で、われわれは「伝送に費やす通信資源の量を2倍に増やすと、伝送情報量が2倍以上に増える」というきわめてシンプルな原理に行きつきます。従来の理論では、伝送情報量は最大で2倍までは増えるのですが、決してそれ以上に増えることはありませんでした。これは「超加法的符号化利得」とよばれる、「もうひとつのレイヤー」まで掘り進めてはじめて手にできる現象であり、われわれは2003年にこれを世界ではじめて実証しました。

2004年、マサチューセッツ工科大学のグループが、送信に使えるあらゆる電磁波を対象化し、最適化することにより、送信は通常のレーザー光で十分であることを厳密に証明します。要するに送信機と通信路は従来通りのままでよく、受信器の中で「もうひとつのレイヤー」を操る新しい量子復号器をつくれば、究極の通信路容量が実現できることが明らかになったのです。

実は、究極の通信路容量を示すその式こそ、1964年にゴードンが最初に導いた上限予想の式そのものでした。ついに正しいことが証明されたゴードンの予想式に従えば、たとえば送信電力を現在の1万倍以上削減しても、同じ伝送性能を実現できることが示唆されています。

●QICTの広大な沃野へ

ここから一歩進んで、この究極の通信路容量にセキュリティを含めるには、言い換えれば量子通信と量子暗号を融合させるには、具体的にどうしたらよいのでしょうか？本章の最後に、このような観点から究極的な伝送効率と証明可能安全性を両立させる新しい通信の風景を探ってみたいと思います。

量子鍵配送は原理的に、全知全能な盗聴者に対する無条件の安全性を保証しますが、一方で装置実装に課される条件は厳しく、速度や距離に限界があります。より広範な普及には、安全性保証の条件を緩和させる一方で、速度や距離を延ばせる新技術を開発するという方向性も重要でしょう。

たとえば、衛星と地上間で、中継器を設けずに、光空間通信を行う場合を考えます。そして重要機密を通信するような用途があることを想定しておきましょう。宇宙のどこに盗聴者が潜んでいるかわからず、敵はどんな手も使えると仮定して安全性を追求すれば、現在の量子鍵配送では、鍵生成にどうしても時間がかかってしまいます。きわめて長距離で減衰の大きい通信になるため、必要な暗号鍵を溜めるまで衛星を何周もさせ、地上と何回も交信させる必要があるからです。しかし視野のクリアな環境下では、もし盗聴者が現れれば、たちまち受信者に発見されてしまうはずです。盗聴者は受信者の視野に入らないようするためには散乱光などから傍受するしかないので、これを防ぐために盗聴通信路の特性に物理的制限を課すのも有効です。現実的環境から離れた仮定の下で、性能を大きく犠牲にするよりは、現実的かつ合理的な仮定の下で、圧倒的に伝送距離と速度を向上させることができれば、その方が現実解となるでしょう。
　本章冒頭の図5―1のグラフでBに示した物理層暗号に寄せられる期待は、実はこのような背景をもっています。これまでは、まず絶対的な安全性という目標を実現し、そこからどのように速度を上げるかという手順で開発が進められてきましたが、今度はすでにわかっている最高の伝送効率から出発して、そこへいかに証明可能安全性を組み込むかを設計していこうというわけです。Aの線は、盗聴者がいない1対1の通信における最高の伝送効率を示しています。Bの破線、点線、1点鎖線は、盗聴通信路が存在する場合の秘匿容量を示しており、盗聴者が手にする信号電力が増えるにつれて秘匿容量が下がってゆくことを示しています。そして、盗聴者が全知全能とした場合の無条件安全性を保証するのがCの量子鍵配送でした。これまでの量子通信はAに相当し、これまでの量子暗号はCに対応します。これらを埋めるBの物理層暗号をさらに「もうひとつのレイヤー」まで掘り下げて進化させることで、量子通信と量子暗号、およびその中間領域を自在に行ったり来たりできる統一的な通信技術の体系を構築できるものと期待されます。与えられた送信電力のもとで、証明可能安全性と伝送効率のトレードオフを自在に設計・制御できるようになれば、通信の可用性と安全性が格段に向上することは間違いありません。

量子鍵配送では「盗聴者は神様のように万能である」という極端な仮定を置くことで、逆に無条件安全性というきれいな証明が可能になっています。一方、物理層暗号において、安全性と伝送効率の相反するバランス点がどこになるのかは、決して自明ではありません。むしろ極端な仮定が消えたために パラメータの多様性が増え、より困難な最適化問題に直面します。盗聴者が光ファイバーネットワーク上のどこにいるかわからないという状態をどう考えたらよいか？ 送受信者の主通信路を盗聴通信路より優位にするにはどうしたらよいか？ これらをうまく実現するために量子的な性質をいかに使うのか？ 解決のためには最新の符号理論や暗号理論、量子通信技術を統合するとともに、もっと基礎に立ち返って物理学も通信理論も徹底的に考え直す必要があります。

さて、量子的な科学技術の発達によって、絶対安全かつ究極の通信路容量が明らかになった、そんな時代に私たちは生きています。この真の意義とは——究極的に言えば——どんなに技術が進歩しても通信には、究極的には、絶対超えられない限界があることを示した点にあるのではないでしょうか。このような絶対的限界が存在するのは、プランク定数hが、きわめて小さいけれども決してゼロではない有限の値であり、その結果として電磁波に量子ノイズが不可避だからにほかなりません。

きわめて小さいけれどもゼロではない、そのことが決める通信路容量によって、将来その限界まで技術が進展したらどうなるのでしょうか？　そのとき、ネットワーク・トラフィックは、敷設できる回線本数によって単純に決まることになります。そしてもし、そのような究極的なＱＩＣＴ時代が到来したら、人間はもはや効率のみを追い求めることをやめ、その限界に合わせて、私たちの生活様式そのものを変えなければならないのではないでしょうか。

逆に言うと、現在、究極の通信のだいぶ手前にいる私たちには、まだまだ非常に幅広い技術開発の余地が残されています。そして間違いなく言えることは、これから将来へ向けて、量子的な技術開発を取り込んだＱＩＣＴという研究領域は、ますます可能性豊かにそのフィールドを広域化していくだろうということです。そのためには量子がいかに振る舞うのか、それはなぜなのかを問う基礎研究の進展によって量子的な世界への理解を一層深め、これを人類の手でコントロールするという課題をいかに乗り越えるかという挑戦を欠かすことはできません。

そこで続く最終章では、このような探求と実践を行う量子情報科学、量子情報工学という分野の最先端で、今どのような研究開発が進められているのかを概観することにしましょう。

第六章

量子情報技術がはじまる

●猫と原子の間をゆれ動く境界線

昔、シュレーディンガーが猫を箱に入れたときには、猫のようにマクロなものが量子的な状態をとるのか?というのがテーマでした。箱の中に猫を入れてフタを閉め、毒が放出される装置を仕込みます。この毒の装置のスイッチに量子的な現象を用いたら、猫が生きている状態と猫が死んでいる状態の重ね合わせ状態になるのではないか、というパラドックスをシュレーディンガーが提案したのは、もちろん前世紀のことです。

猫については後ほど考えることにして、目に見えるほどのマクロ物体が量子的に振舞うような状況ならば、すでに出現しています。前世紀末から今世紀にかけて量子力学や量子情報とよばれる分野の実験成果が相次ぎ、それまで人類が触れることのできなかった量子の世界に、どんどん手が届くようになってきました。「壊れやすい」と言われる量子の状態を以前とは比較にならないほど長時間にわたって保存したり、量子の一挙一動をコントロールしたりできるような場面が広がり、量子の領域がこれまでにない勢

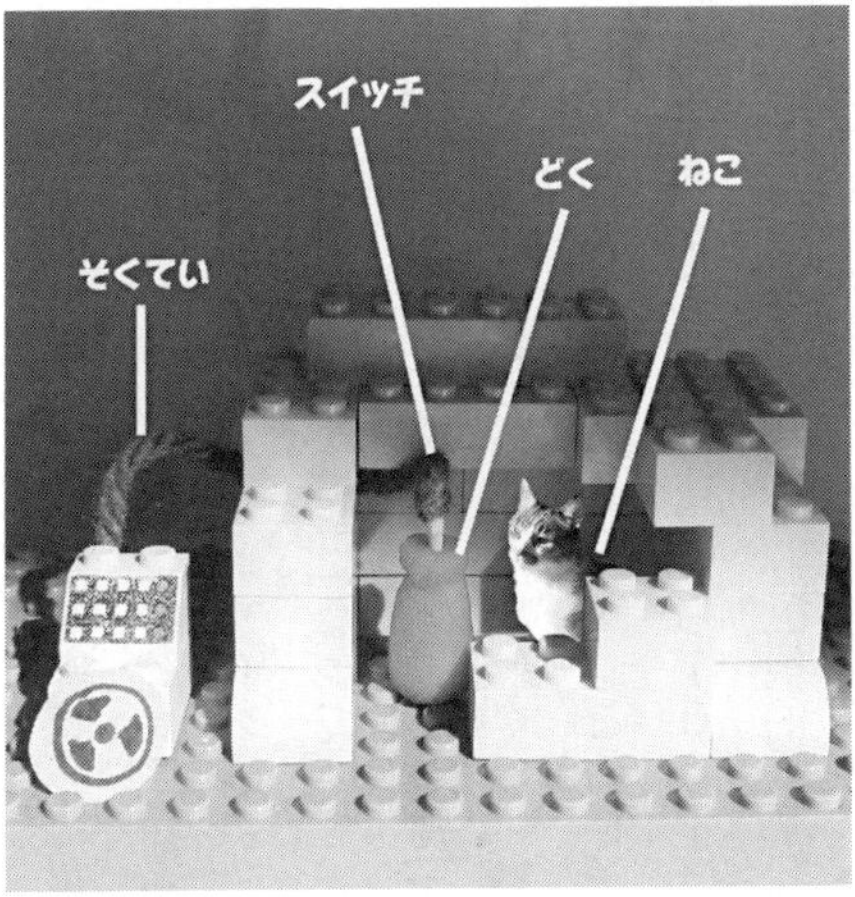

図6―1　シュレーディンガーの猫

猫、放射性物質、放射線検出器、毒ガス発生装置を入れた箱を用意する。放射線物質が放射線を放出すると、検出器が感知し、これと連動して毒ガスが放出され、猫は死んでしまう。検出されなければ何も起こらず、猫は生き残る。一定時間後に猫は生きているか死んでいるかという問題は、生と死の重ね合わせ状態ではないか？というシュレーディンガーによる問題提起。（写真：ウェブサイト『週刊リョーシカ！』）

いで拡張しています。

たとえば同じ原子がたくさん集まっている原子集団を十分に冷やしていくと、それぞれの粒子のエネルギーが基底状態に落ち込み、全体としてひとつの量子状態になる「ボース＝アインシュタイン凝縮（Bose-Einstein Condensation：ＢＥＣ）」を示すことが知られています。ボース＝アインシュタイン凝縮の状態になっているとき、これを構成している原子は同じ状態になっていて、原子という粒の状態というよりも、ぼやーっと波として広がって存在しています。原子集団が気体の状態にあるボース＝アインシュタイン凝縮では、原子が10の8乗ぐらい集まったかなりマクロなスケールで、全体としてひとつの量子状態をとります。この様子が観察されるようになったのは、実にボースとアインシュタインの仕事から１００年ほども経った前世紀の終わりのことでした。ちなみに、このような状態を「巨視的量子状態」と言います。

実験では、ボース＝アインシュタイン凝縮させる気体を一か所にとらえておくために、トラップとよばれるヘコミのついた入れ物に入れます。原子がヘコミから出るにはエネルギーがたくさん必要なため、なかなか出ることのできない、言わば蟻地獄のような構造になっているわけです。これと同じように考えてトラップを格子状に並べると、その中にひとつずつ冷やした原子を入れた構造を「つくる」こともできます。

原子が格子状に並んでいる構造と言えば、すぐに思い浮かぶのは結晶です。結晶は自然界に存在する構造ですが、人工的にトラップをつくる場合には、どのように並べるか、どのくらい近くに原子をいくつ置くかといったことを自在にデザインできます。つまり、地球上には存在しないと考えられている物質でも、このような量子系を操作することによって擬似的につくり出し、さらにその性質まで解析できる可能性もあるのです。

一方、超伝導体でつくった回路は、この中を電流が流れるという点では教科書でおなじみの電気回路と同じであり、しかもよく見れば肉眼でも見えそうなくらい大きいものです。電子や原子が量子力学に従うというのならばともかく、このように大きくて人工的な構造体が量子的に振る舞うというのは、実際に見ない限りなかなか信じにくいことでしょう。しかしながら超伝導体で一周する回路をつくり、そこにジョセフソン・ジャンクションとよばれる接合部を入れておくと、電流の流れる向きが時計回り・反時計回りというように、量子特有の離散化が起こります。つまり、回路全体としてひとつで量子状態をつくるのです。この2つの量子状態を0と1に対応させることで、回路全体をひとつの量子ビットとして使うことができます。これが「超伝導磁束量子ビット」であり、現在量子情報処理のデバイスとして、たいへん有望視されているもののひとつです。

ところで、これらの巨視的量子状態は、他のまったく別の巨視的量子状態との間で、なんと量子をやりとりをすることができます。このように異なる量子系や性質を組み合わせて使うことが「ハイブリッド」とよばれはじめたのは2004年ごろからですが、2011年には、NTT物性科学基礎研究所らのグループによって、ダイヤモンドのNV中心の集団と超伝導磁束量子ビットを相互作用させる実験が実証されました。

ちなみにダイヤモンドは、量子情報で今注目を集めている材料のひとつです。「NV

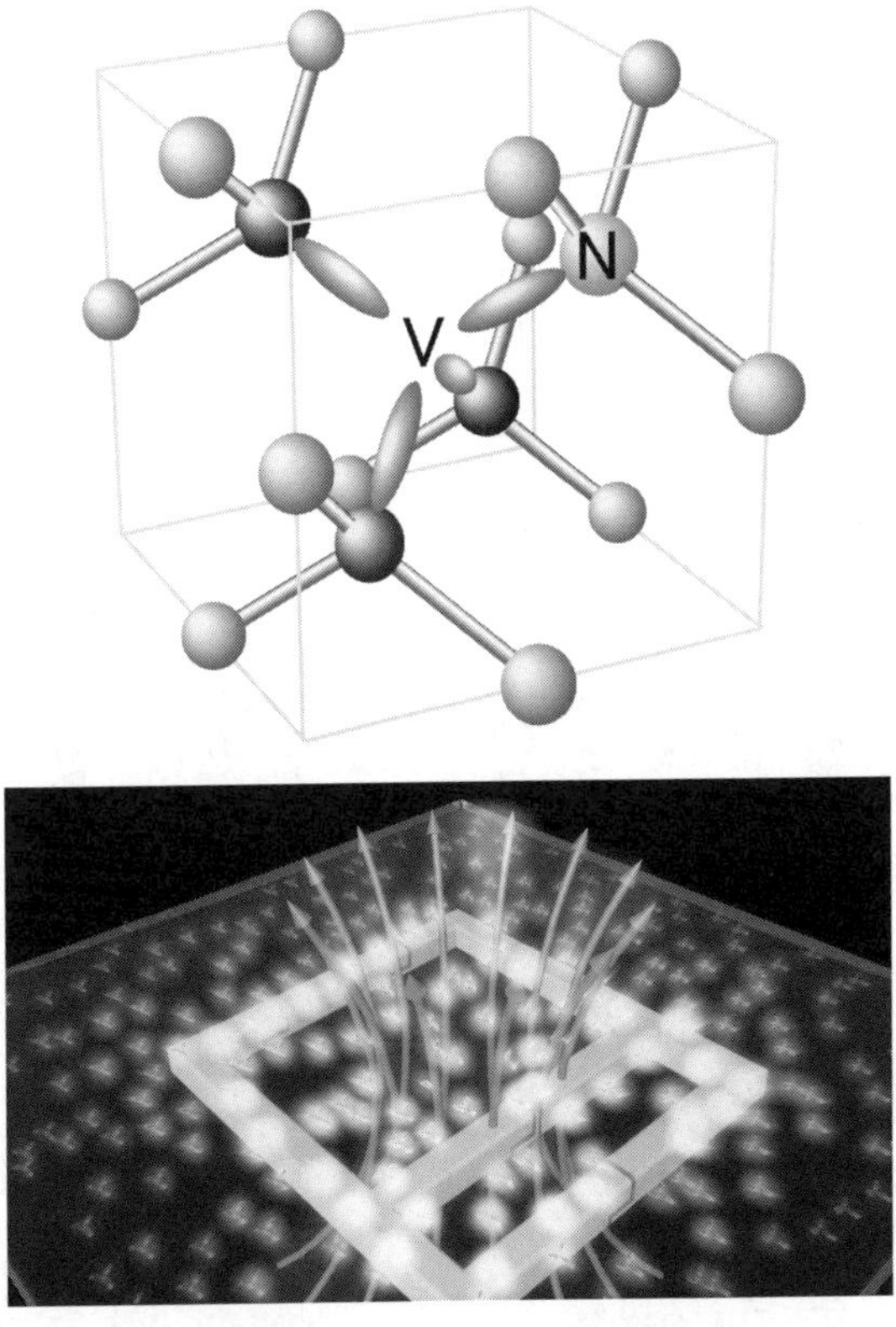

図6―2　ハイブリッドの例

上図は、ダイヤモンドの NV 中心の結晶構造図。本来ならば炭素（C）があるべきところに窒素（N）が置き換わり、その隣りに空孔（V）がある。下図は、明るい枠状に見える超伝導がつくる磁束量子ビットと、点々と光る NV 中心を相互作用させる実験の様子のイメージ図。（図版上：大阪大学 水落研究室、下：NTT 物性科学基礎研究所）

中心」とは、ダイヤモンドをつくっている結晶中の本来ならば炭素（C）があるべきところに窒素（N）が置き換わり、その隣りに空孔（V）がある複合欠陥のことで、これを含むダイヤモンドを人工的につくると、結晶中のたくさんのNV中心が全体としてひとつの量子状態をつくります。しかもダイヤモンドの場合、いったんつくられた量子的な状態が長持ちし、また冷やさなくても室温でその状態を保つことができるのが大きな特徴です。

●シュレーディンガーの猫をもう一度

しかしどうしてそんなことが可能なのでしょうか？　これを考えるために、もう一度シュレーディンガーの猫の話に沿って、巨視的量子状態が見られるようになった今世紀に合わせて、この話の「それから」を描いてみることにしましょう。

ただし、猫の生と死の重ね合わせ状態をつくるには、シュレーディンガーが考えた仕掛けでは到底無理のように思えます。そこで、もしもそのような仕掛けがあったなら？

と考えることのできる、現在にふさわしい装置が必要です。まず、われわれが量子コンピュータのために開発した量子ビットを用意します。これを使って、量子ビットが0なら猫には何もしない、量子ビットが1なら猫を殺してしまう装置というものを考えます。これは量子コンピュータでよく使われるCNOT（Controlled-NOT）ゲートで、古典的コンピュータにもある「もし〜ならば」という条件によって2ビット間で異なる演算を行う操作の量子版です。

さてこの2量子ビットが実は「エンタングルしている」というところが、この想像の装置のポイントです。実験開始時に量子ビットの状態を0と1の重ね合わせ状態にしておきます。そしてCNOTゲートによって、量子ビットの状態と猫の状態に相関が生まれます。つまり量子ビット0の状態は猫が生きている状態、量子ビット1の状態は猫が死んでいる状態に対応し、全体として「0・生」と「1・死」の2つの状態の「重ね合わせ状態」になっているのです。さて、ここで、箱のフタを開ける代わりに、量子ビットを測定してみましょう。すると、もし0ならば猫は100%生きており、測定結果が

1ならば猫は100%死んでいることになります。量子ビットの測定は、何ら猫に触れるものではありませんが、このようにエンタングルした2量子ビットでは、空間的に離れた場所に置かれていても、ひとつの量子ビットを操作することで、全体の状態を変えるという特徴をもっており、これは量子ならではの性質のひとつです。

またCNOTゲートというとパッと切り替えられるスイッチのようですが、量子ビットの変化はむしろ実際に物理的に変化していくプロセスです。たとえば、今度は最初に量子ビットの状態を1に準備することにします。CNOTゲートは量子ビットが1のとき「1・死」なので、猫は100%死んでしまいます。このとき、量子ビットと猫の間にはエンタングルメントも生成されません。さてこのプロセスを、もう少し時間的な発展として詳しく見ていくことにしましょう。最初、猫は100%生きており、徐々にCNOTゲートが進むことによって、猫は生と死の重ね合わせ状態へと移行していきます。そしてゲートが完了したときには「1・死」、すなわち100%死んでいる状態になっています。このようにゲートの動作は、猫が100%生きている状態から、100

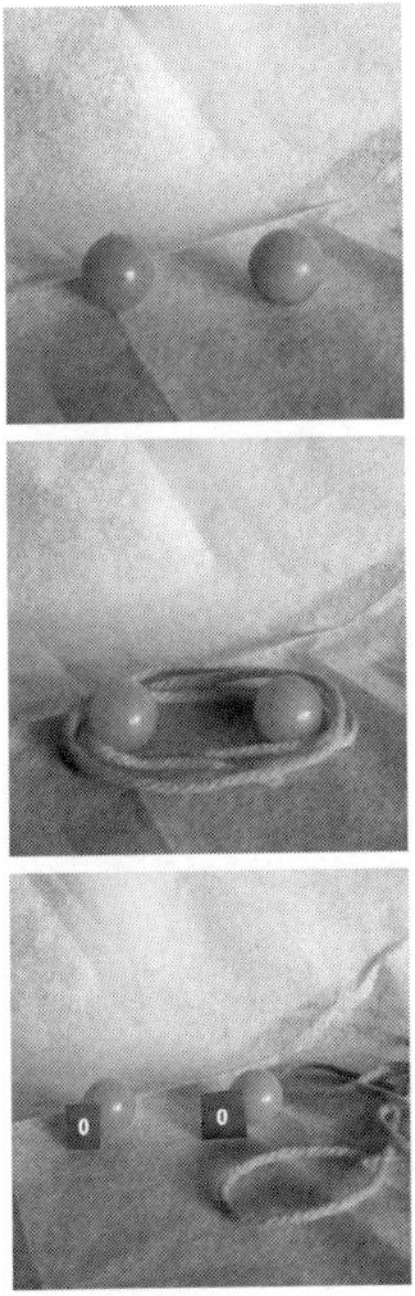

図6—3　エンタングルメントとは？

エンタングルメントは「量子絡み合い」ともよばれ、2つ以上の物理系の間で〝2つで1つ〟の状態を構成する、量子特有の状態を言う。2つの物理系がばらばらにある状態（上図）に対して、エンタングルメントした2つの物理系は中図のような関係にある。上図ではひとつひとつの物理系で量子状態を規定できるのに対して、中図の場合は2つで1つの状態を共有しているため、全体の状態がわかっているにもかかわらず、個々の物理系の状態を規定することができない。そのため、たとえば片方だけを操作しても、全体の状態が変化する。一方を測定して、もし「0」だったら、他方の量子も「0」へ変化する（下図）。ちなみに2つの量子を遠くに離しても、まったく同様なことが起こる。（写真：ウェブサイト『週刊リョーシカ！』）

%死んでいる状態へと時間発展するイメージのほうが正しいと言えるでしょう。

ところで、ここで、さらにもう一度CNOTゲートをかけてみることにします。そうすると、……時間とともに、猫はふたたび100%生きている状態へ戻ってきます。

私たちの常識では、生きているものがゆっくり死んでいくことは理解できても、死んでいたものが生き返ることには同意できません。なぜこの想像の世界の装置でそれが起こるかというと……そう、量子計算は時間が可逆なのです。猫の生と死が量子状態であると考えた時点で、量子ビットの状態と同じように、「0であり1である」と同じ「生きており死んでいる」状態だけでなく、100%生きている状態、重ね合わせ状態、そして100%死んでいる状態へと、時間的に双方向に発展させることができます。

ところで、量子ビットが0か1かという問いは、測定と切り離すことができません。第三章でも触れたように、0と1の重ね合わせ状態にある量子は、0か1かが決まっていない状態ではなく、単にそれが量子にとって一般的な状態なのです。したがって0である状態や1である状態も、あり得る状態のひとつに過ぎず、なんら特別な状態ではありません。なぜ0と1が特別に見えるのかというと、それは私たちが0か1かという問い＝測定として、「見る」からです。0と1で測定しますよと言われると、重ね合わせという高い自由度の中にいる量子たちは、測定結果としてたまたま0か、たまたま1を返してくるにすぎません。ここに量子のランダム性が現れるのでした。

そこで私たちは猫が生きているところを見たければ、１００％生の状態になったときだけ箱のフタを開ければいいということになります。確実に死んでることを確かめたければ、フタを開けるのは１００％死の状態のときです。ただ猫が死んでいるところを見たとしても、フタをしめ、そこからふたたび時間発展がはじまれば、猫もふたたび重ね合わせ状態を通して、生と死の間を行ったり来たりすることになります。タイミングを合わせれば、猫が生きている姿をもう一度に見ることができるでしょう。

このように考えてくると、生と死という究極的とも言える不可逆性をもつ現象は、いかにも量子状態にそぐわないことがわかります。量子力学に限らず、古典力学も含めて、力学とは可逆な現象を扱うツールであり、不可逆な現象を扱うには統計物理学が必要になってきます。

さて、シュレーディンガーの猫は「それから」、量子ビットと量子猫がエンタングルする現象へと発展しました。実はこれ、さきほどの超伝導磁束量子ビットとダイヤモンドのNV中心による量子ビットの間に起こった量子的な相互作用と、まさに同様の現象なのです。量子状態は原則として、他の量子状態へ時間的に可逆に遷移可能であり、マクロであっても2つが量子的状態であり、量子的に相互作用できるとき、2つの間にエンタングルメントを生成することができます。

●実験物理学者のチャレンジ

このようにシュレーディンガーの猫が投げかけた問題性のひとつは、「マクロなものが量子的に振る舞うのか?」という問いとして、もうひとつは量子性が壊れると元には戻らない「デコヒーレンス」の問題として、区別して議論できるようになりました。新しい理解のフェーズに入ってきた科学の言葉によって、私たちはいま、この話の「それから」を語ることができます。では、なぜそれが可能になったのでしょうか？　それは何より、実験物理学の成果によるものです。

長年にわたる実験物理学者の仕事の中でも特筆すべきであり、また印象深いもののひとつに、超流動の実験があります。超流動という現象が発見されたのは１００年も昔のことですが、オランダの物理学者、ヘイケ・カメルリング・オネス（Heike Kamerlingh Onnes：１８５３〜１９２６年）が行った手書きの実験データが、現在に伝えられています。いまこれを見るとまるで古くさく学生実験のようで、簡素な実験装置しかなかった時代がうかがわれますが、そのグラフに、超流動という不思議な現象をはっきりととらえており、大きな感動を与えます。

現在に至る間にＩＣＴは大きく発達し、データはコンピュータが記録してくれるようになり、制御もコンピュータが代わってくれるようになりました。現在の物理学者たちが格闘している相手は、今度は、そのような精密なツールを使って何とか捕捉できるかもしれない、さらに一層精細な世界です。たとえばピコ秒だったり、アトモルだったり、1秒が無限に長く感じられたり、あるいはスプーン1杯の砂糖が宇宙のように巨大に見えたかと思うと、それが今度は全体として量子的に振る舞ったりするような世界なのです。

やや余談になりますが、物理学はこのような非常に微小なものを対象とする一方で、巨大なものも同じように扱います。10のマイナス10乗と言ってみたり、10の27乗と言ってみたりするのもこのためで、スケールを考えたり、数桁にわたって実際に扱えるようにすることが、物理学では非常に重要です。大きいものでは、たとえば宇宙でビートを打つパルサー（中性子星）はたった直径10キロ程度の星ですが、なんと10の27乗トンもの質量をもっているそうです。そしてこの10の27乗トンの星の中で起こっていることは、現在では量子物理的な現象として考えられています。

さて超流動発見の時代から現代に至るまでに、物理の実験室は格段に高精細、高性能なものへと発達してきました。ではふたたび、なぜそれが可能になったのでしょうか？それはやはり、既存の技術の絶え間ない発達が、物理学の実験を可能にしてきたからに違いありません。

たとえば１００年もの間実現されることがなかったボース＝アインシュタイン凝縮も、20世紀末になってようやく実現されました。ボース＝アインシュタイン凝縮の実験では、ふつう気体の原子集団を極超低温まで冷却します。この冷却に使われるのがレーザーであり、したがってレーザの発達なしにボース＝アインシュタイン凝縮の実現はあり得なかったと言えるでしょう。つまり、物理学者の意図通りにつくれる技術がない限り、物理学者が必ずそうなるであろうと予言する現象は観測されないのです。そしてレーザー冷却の高い技術によって、物理学者にとって「極低温」が到達可能な、身近な環境となったことは、物理学の発展にとって大きな意味をもっています。

このようにしていま量子の技術によって、私たちが手に入れることのできる範囲は、どんどん広がりつつあります。たとえば拡大鏡がセットされた実験台の上に光ファイバーと相互作用するように小さな共振器がセットされている様子は、いつの間にか、量子情報の研究室でよく見られる光景となりました。最近では、ここに振動する振り子をセットしたものが登場しています。これは量子化した振動を観測することができる装置で、ナノメカニカル構造体とよばれています。光と組み合わせることで、光との間で量子をやりとりします。ナノメカニカル構造体には、ほかにも小さな橋やドラムのような形をしたものなどさまざまな種類があり、これらを科学者の設計通りにつくり出すことで、原子1個といったスケールでは考えられなかった何桁も大きい量子的な相互作用をつくり出しています。物質は一般に、ナノのスケールであればすべてが量子的に振る舞うというわけではありません。量子状態をつくり出すように物理学者が設計した通りに、実際につくり出すことができる現在の精密なナノ加工技術と、高精度な制御技術が、実験そのものを可能にしているのです。

●ようこそ「量子情報技術」

技術の進歩は科学の進歩に必須であり、実験を支えるさまざまな技術が「GO!」を出してくれるからこそ、実験が可能になるのです。その一方で科学が進歩すると、もちろんその新しい基礎に立って、新しい技術が発達してきます。このようにしてこれからダイナミックに発達してくる、量子に基礎をおく新しい科学技術は量子情報技術、量子情報工学とよばれています。もちろんこれまでも半導体技術やレーザー技術のような、量子効果を用いた技術があり、これらは量子技術とよばれてきました。

現在の半導体技術は、量子効果を部分的には利用しながらも、全体としては古典的に動いています。ここで使われている通信のための光を、もし量子的に扱うことができるようになったらどうでしょうか？ 前章で見てきた、光子ひと粒ひと粒が担う安全な通信である量子鍵配送が、まさにその一例です。光ばかりではありません。今度は電流をマクロな流れとしてではなく、電子ひとつひとつを量子的に扱うことができるようになったらどうでしょうか？ ここには「量子ドット」や「スピントロニクス」という分野が拓けており、それぞれの電子がもつスピンの向きをコントロールする科学技術の開発が、最近活況を呈しています。さらに、さまざまな物理系で0と1の重ね合わせ状態をつくり、量子計算の単位として使うことのできる「量子ビット」の研究が、世界中で展開されています。古典から量子へ――この変化は、このように現在の技術を踏襲しながら、その一部ではあるけれども本質的な部分を量子的な技術に置き換えることによって、徐々に発達していくことは間違いないでしょう。

ところで私たちは第一章で、同時代の技術であるビッグデータと量子技術は「ひとりひとりへリーチする」「ひとつひとつを制御する」というよく似た特徴をもっていることを見てきました。量子情報技術は、量子をざっくりと扱うこれまでの量子技術を拡張し、つまり、量子のひとつひとつ、一挙一動を制御することのできる新しい技術なのです。

この新しい特徴は、喫緊の問題としての通信や情報処理だけでなく、これまで考えてもみなかったさまざまな分野で、新しい技術のあり方を提案することができます。技術の手はじめには、まず「技術標準」の問題があります。どんなに高度な技術も、その根幹にはものを測るという基礎的な技術が欠かせないことから、時間、長さ、重さといった量には基準となる測定法が知られています。そこでこれまでの古典的な測り方に代わ

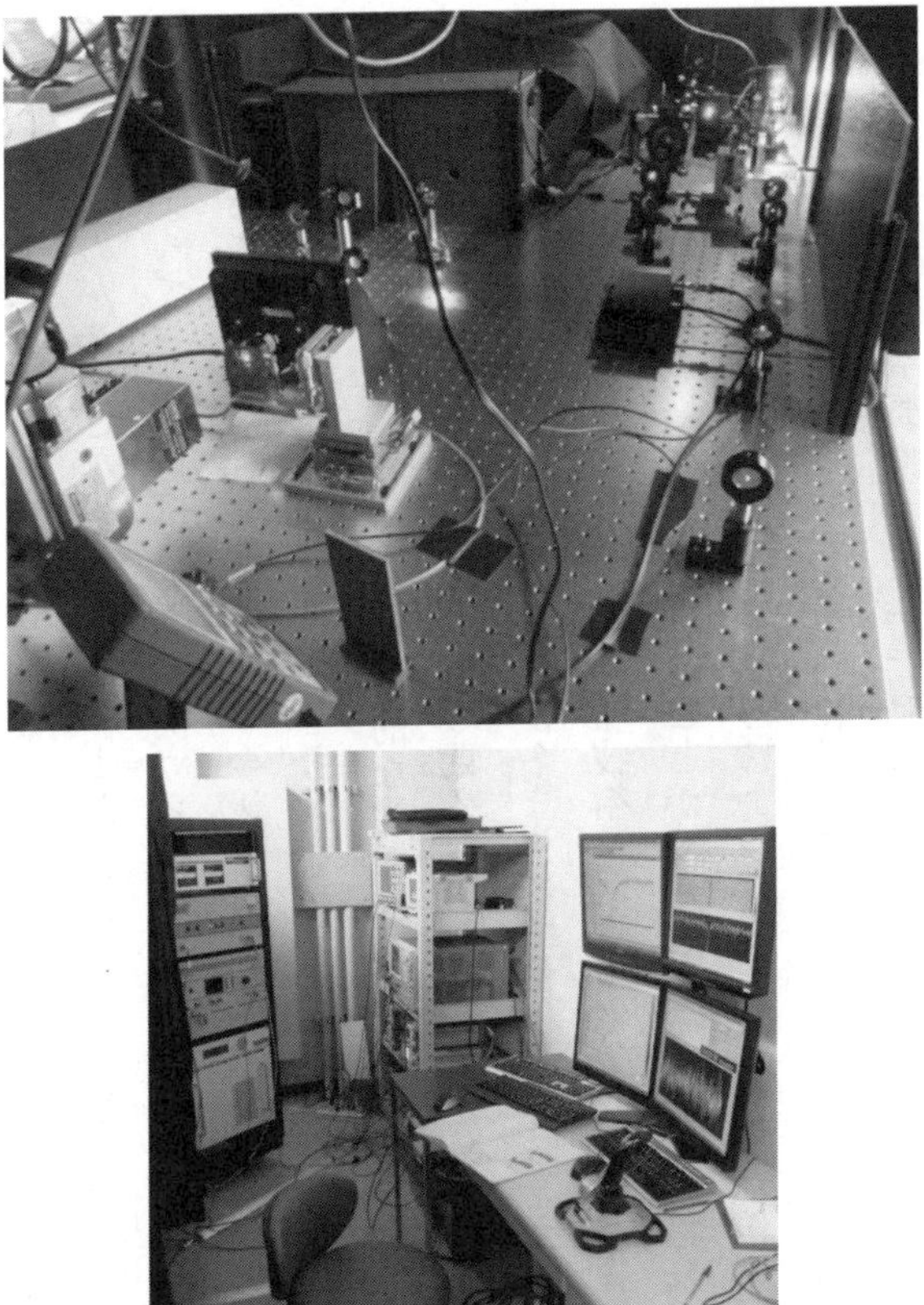

図 6—4　スピントロニクスの実験室

ダイヤモンドの NV 中心にあるスピン 1 個 1 個を検出し、観測し、操作する大阪大学水落憲和准教授の実験室。ダイヤモンドに特徴的なのは、何と言ってもこの実験室が「室温」にあることだ。(写真：大阪大学 水落研究室)

って、たとえば電圧は現在、量子的な現象のひとつである「ジョセフソン効果」を使って測ったものが基準となっています。また電気抵抗も「量子ホール効果」を応用した測定方法によって「量子抵抗標準」が決められています。

ここからさらに一歩押し進めれば、今後は量子的な原理をもっと利用して、現在もっとも重要な測定のひとつ「見る」ことも大きく変化していく可能性があります。これまでの古典的な方法に代わって、量子的な光で「見たら」、物質の世界はどのような姿をしているのでしょうか？　これまでは見えなかった性質の発見や、今までは達成できなかった高い精度の実現なども、これからますます量子情報技術が担っていくでしょう。

一方、応用分野としても、量子情報技術は医療、電子商取引、物質設計といった、さまざまな分野の最先端研究に用いることができます。たとえば将来、私たちの細胞のひとつひとつが発する光をとらえることによって、生命の活動の詳細が明らかになり、医療にも活かせるといった研究もすでにはじめられています。量子情報技術は、まずは通信や測定のような分野から、すでに私たちの生活に入り込んできており、いまやこの流れを押しとどめることはできないでしょう。

最先端の量子情報科学は、いままさに、現代科学技術とさまざまなかたちで結びつきながら、発展しはじめています。この結びつきが機能することによって次の循環が生まれることから、量子情報科学と量子情報技術の融合は世界的にも非常に大きなテーマとしてとらえられているのです。

●未来の量子コンピュータを実感する

このように量子情報科学は量子情報技術を触発して、現在のニーズに応えながら、新しい可能性を生みつつ、社会の中で徐々に新しい技術基盤をなしていくと考えられます。そして比較的長い間、その先に遠くに光るのが、量子コンピュータというホーリーグレイルであると考えられてきました。

実際、量子情報科学は遠くに光るホーリーグレイルに触発されて、20世紀末から今までを駆け抜けるように進展してきたと言っても過言ではありません。それは理論的発展であり、実験的検証でもあり、また量子物理の理解の深化でもありました。量子の世界はこれからどんどん広がって、私たちの手でつくる大規模量子システムの実現もそう遠くはないに違いない……そんな可能性を追求して駆け抜けた20年であったと振り返ることができるでしょう。

この発展を証すように、量子の分野は、20世紀の終わりから最近にかけて、非常に多くのノーベル物理学賞受賞者を輩出してきました。たとえば２０１２年にデービッド・ワインランド博士とセルジュ・アロシュ博士が、量子コンピュータを実現するための基礎となる、量子系の計測と制御の先駆的な実験に対して同賞を受賞したことは、記憶に新しいところです。そのほか１９９７年にはスティーブン・チュー博士らがレーザー光による原子冷却で、続く１９９８年には分数量子ホール効果、２００１年はボース＝アインシュタイン凝縮、２００５年には光学コヒーレンスの実績に対して贈られており、この傾向はおそらくこれからも続くでしょう。

それと同時に思い起こされるのは、ファインマンが量子コンピュータの考えについて語った1970年代当時との、大きな違いです。実現可能性のなかったファインマンの時代には、量子コンピュータがどんなに魅力的でも、原理的な議論以上の議論を進めることはできませんでした。それに比べて量子情報科学が今、大きなインパクトをもって新しい可能性を社会に映し出すのは、人類のもつ現在の技術を土台にして到達可能な技術と考えられるからにほかなりません。

ではいま、改めて量子コンピュータはどういう技術なのか、つまりホーリーグレイルをもっと近くで見てみたら、どんなふうに見えたのかについて、少し言及しておこうと思います。実は、最近、国立情報学研究所におけるわれわれの理論研究では、どうすれば量子コンピュータができるのか、かなりの部分まで詳細にわかってきています。まず量子コンピュータを、比較的簡単な素子の集まりからなるシステムと考えましょう。すると技術の単位となる素子にはどのようなものがあるのか、そしてシステムとして動くようにするにはどのように組み立てればいいのか、またそれらは実際にどう動くのだろうか……といった点がすべて、明らかになっています。これが将来唯一の量子コンピュータというわけではありませんが、こうすればつくれるというひとつの例としてならば、すでに青写真は手に入っているのです。

では、そのように組み立てた量子コンピュータはどのくらいの大きさになるのか？ これも、最近明らかになってきたことのひとつです。また具体的にショアのアルゴリズムを例に、これを走らせたらどのくらいの性能が出るのかという理論的な試算も行っています。

そして、これらの結果を総合したところ、なんと量子コンピュータの技術単位である素子は、さほど完成度の高くない、「並」の素子がたくさんあればできる、ということを示していたのです。量子コンピュータは、むしろ他の量子情報技術に比べると格段に精度の悪い素子でもつくれることがわかったのです。

現代の私たちが知る最大最速のコンピュータと言えば「京コンピュータ」に代表されます。しかしそれが現代のＩＣＴ技術を、唯一無二に代表するわけではありません。これと同じように量子コンピュータも、規模のうえでは依然として最大級ではあります

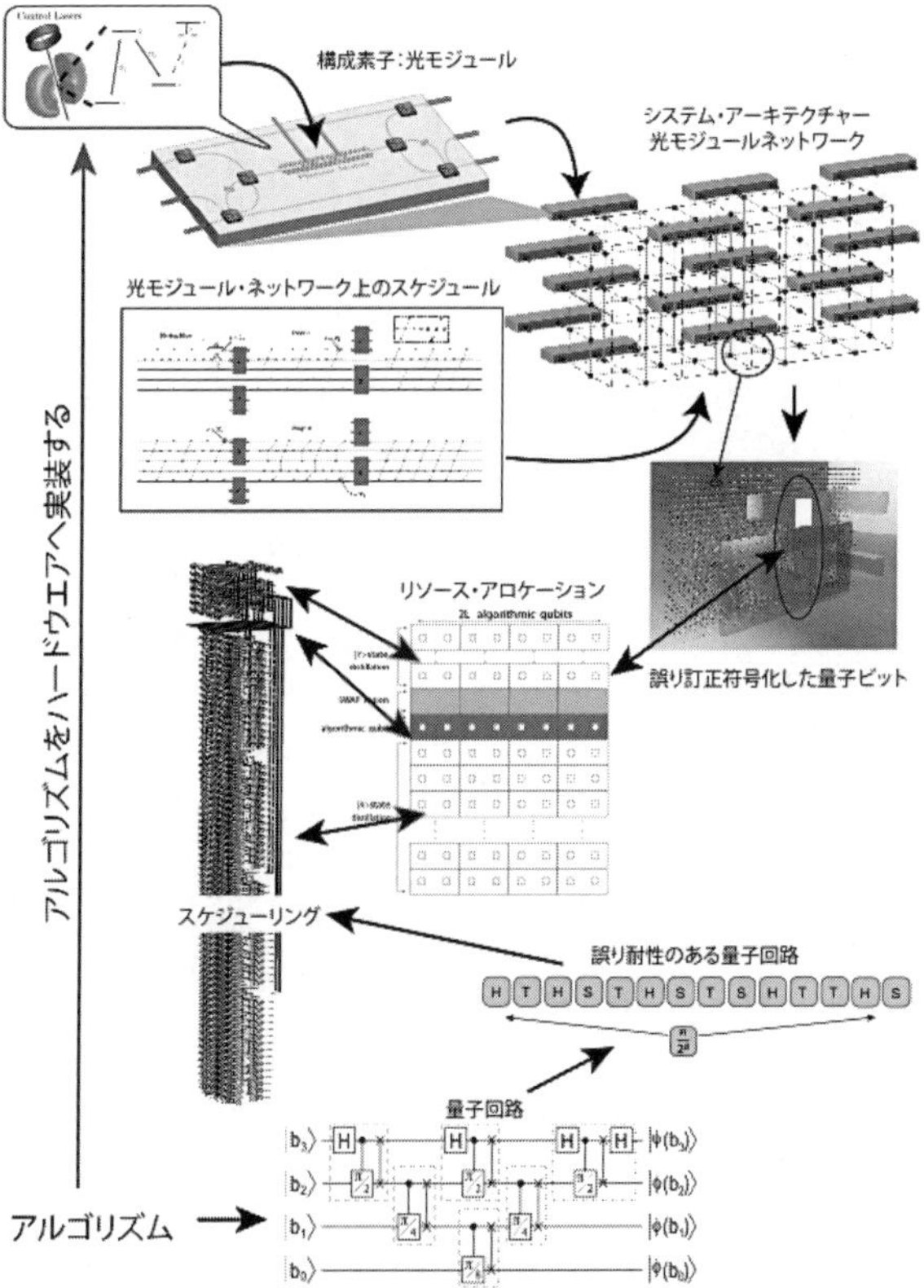

図 6—5　量子コンピュータづくりに必要な技術

根本研究室では 2013 年、最下層の構成素子から最上層のアルゴリズムまで、スケーラブルな量子コンピュータに不可欠なすべてのステップを示した。（プレスリリース資料より。写真・図版：国立情報学研究所 根本研究室）

が、そろそろホーリーグレイルとしての役目を終えつつあると言うことができるでしょう。量子情報技術とは、もっと大きな広がりのある技術であり、さまざまな場面で、じつに多様なニーズを実現する技術基盤なのです。

あとがき

本書の執筆は、２０１２年の初夏にウェブサイト『ようこそ量子』の「量子情報の最先端をつたえる Interview」を池谷さんと根本先生から受けたのがきっかけでした。量子通信や量子暗号の研究開発の最前線をさまざまな人たちに分かりやすく伝えたいと思いながら、日々の仕事に追われ先延ばしになっていた頃、「本というものは、〝書く〟と決めなければ絶対書けませんよ」と池谷さんに脅され、ついに覚悟を決めて根本先生と本書の執筆に取りかかりました。折しも、諜報機関による光ケーブルの傍受事件が報道され新たな盗聴脅威が現実化する一方、原理的に盗聴できない量子暗号技術を欧米や中国の企業が導入するというニュースが駆け巡っていました。グーグルがD-WAVE社の量子アニーリングマシンを購入し、人工知能の研究に活用すると発表したのもこの頃です。量子の世界が、いよいよ社会と深い関わりをもつ時代に入ったことを告げていました。池谷さんのインタビューに応える形で、佐々木と根本先生がこれまでの研究を振り返り、これからの夢を語る中で、本書の骨子ができ上がっていきました。不思議な現象に満ちあふれ、難解といわれる量子の世界ですが、長い歴史をもつ「通信技術」との融合という視点からまとめることで、量子の魅力を新しい角度から伝えることができるのではと考えました。

量子力学と通信技術は同じ頃、すなわち20世紀初頭に誕生し、20世紀半ばに出会い、それ以降融合しながら発展してきました。21世紀に入ってからは、都市圏の光ファイバ網で量子暗号を実現できるようになりました。これまでミクロの世界の話であった量子力学が、今や都市圏スケールに拡張して操ることができるようになったのです。これは、通信に新しい可能性を拓く一方で、量子力学にも新しい解釈や定量化の手法を与えるものです。本書が、量子と通信の融合の現状について、まとまったかたちで知っていただく機会となれば幸いです。そして、この融合によって生み出される新技術が私たちの生活に今後どのように関わってゆくのか、思いを馳せていただければ望外の喜びです。

本書の内容は、産学官のさまざまな共同研究者との取り組みと、国内外の研究者仲間との議論がもとになっています。この場を借りて、ともに働く多くの仲間に感謝いたします。また電気通信大学の韓太舜名誉教授には、シャノンの情報理論の発展経緯に関して貴重な知見をご教授いただきましたことを、ここにお礼申し上げます。最後に、出版の機会を与えていただき、多くのご助言をくださった丸善出版株式会社のみなさんに感謝申し上げます。

佐々木　雅英

著者紹介

根本香絵（ねもと・かえ）

国立情報学研究所・情報学プリンシプル研究系　教授。
お茶の水女子大学大学院卒、博士（理学）。専門は理論物理学、量子情報・計算、量子光学。１９９７～２０００年オーストラリア・クイーンズランド大学研究員、２０００～２００３年英国ウェールズ大学研究員として量子情報科学の最先端研究に参加。２００３年より国立情報学研究所准教授、２０１０年より現職。量子情報デバイス、量子通信、量子情報システム・アーキテクチャーで学際的な研究を推進し、世界的な研究の潮流を大きく変える研究を発表。
近年は特に、産学官連携による量子情報工学の創成と確立に取り組む。英国物理学会フェロー。

佐々木雅英（ささき・まさひで）

独立行政法人情報通信研究機構（ＮＩＣＴ）未来ＩＣＴ研究所　量子ＩＣＴ研究室　室長。１９９２年東北大学大学院物理学専攻課程修了、博士（理学）。専門は量子情報通信の理論および実証実験。１９９２～１９９６年日本鋼管株式会社（現ＪＦＥホールディングス）勤務を経て１９９６年に郵政省通信総合研究所（現ＮＩＣＴ）入所、量子情報通信の研究開発に従事。量子力学と通信を統合する基礎研究や量子暗号ネットワークの実証テストベッドの開発などを産学官連携で行っている。量子ＩＣＴフォーラム議長、上智大学客員教授、国立情報学研究所客員教授。

池谷瑠絵（いけや・るえ）

サイエンスコミュニケーター。

立教大学社会学部卒業後、草思社入社。1999年退社。コピーライター／ライターとして、広告制作、書籍・雑誌の執筆・編集。2004年頃からサイエンスコミュニケーターとして、ウェブおよびそのコンテンツを制作。最先端の研究成果をわかりやすく伝える活動に取り組む。

現在、情報・システム研究機構　URA（ユニバーシティ・リサーチ・アドミニストレータ）。

参考文献

論文

・ハリー・ナイキスト『Certain Factors Affecting Telegraph Speed』一九二四
・ラルフ・ハートレー『Transmission of Information』一九二八
・クロード・シャノン『A Mathematical Theory of Communication』一九四八
・Aaron D. Wyner, Jacob Ziv『The rate-distortion function for source coding with side information at the decoder』一九七六

書籍

・クロード・シャノン、ワレン・ウィーバー『通信の数学的理論（ちくま学芸文庫）』植松友彦訳、筑摩書房、二〇〇九
・ジェイムズ・グリック『インフォメーション：情報技術の人類史』楡井浩一訳、新潮社、二〇一三

・パトリス・フリッシー『メディアの近代史―公共空間と私生活のゆらぎのなかで』江下雅之・山本淑子訳、水声社、二〇〇五
・Imre Csiszár, János Körner『Information Theory: Coding Theorems for Discrete Memoryless Systems』, Cambridge University Press 二〇一一（初版一九七七）
・ダニエル・R・ヘッドリク『インヴィジブル・ウェポン　電信と情報の世界史1851―1945』日本経済評論社、二〇一三

白書・その他

・McKinsey & Company『Big data: The next frontier for innovation, competition, and productivity』二〇一一
・総務省編『情報通信白書〈平成25年版〉』二〇一三

―― 情報研シリーズ 18 ――

国立情報学研究所（http://www.nii.ac.jp）は、2000年に発足以来、情報学に関する総合的研究を推進しています。その研究内容を『丸善ライブラリー』の中で一般にもわかりやすく紹介していきます。このシリーズを通じて、読者の皆様が情報学をより身近に感じていただければ幸いです。

量子元年、進化する通信　　丸善ライブラリー384

平成26年3月30日　発　行

監修者　情報・システム研究機構　国立情報学研究所

著作者　佐々木雅英
根本香絵
池谷瑠絵

発行者　池田和博

発行所　丸善出版株式会社
〒101-0051 東京都千代田区神田神保町二丁目17番
編集：電話(03)3512-3258／FAX(03)3512-3272
営業：電話(03)3512-3256／FAX(03)3512-3270
http://pub.maruzen.co.jp/

組版印刷・株式会社 暁印刷／製本・株式会社 星共社

ISBN 978-4-621-05384-3 C0255　　Printed in Japan

丸善ライブラリー **情報研シリーズ** 好評既刊

新書判・約２００頁　定価：各巻（本体７６０円＋税）

ようこそ量子 量子コンピュータはなぜ注目されているのか

根本香絵・池谷瑠絵　著

ISBN 978-4-621-05375-1

数式を使わずに量子の概念から最先端の量子コンピュータまでをわかりやすく解説。奇妙、ミステリー、常識はずれ……と言われ、わからないものの代名詞ですらある「量子」。しかし本当は、専門外の方にも量子は相当におもしろいと言える。というのも量子ほどに革新的な概念は、ただ理論の新しさや現象の不思議さに触れるだけで、楽しむことができるからである。量子という概念の誕生から量子コンピュータの最前線まで――知的冒険に満ちた量子のワンダーランドへようこそ。

明日を拓く人間力と創造力

末松安晴　著

ISBN 978-4-621-05369-0

大学や研究所で教育、研究、運営に40年以上携わり、世界の光通信研究をリードしつづけてきた著者が、研究・研究者にとって必要なもの、また教育にとって大切なものについて長い間書きつづってきた中から40編を抜き出しまとめたものである。研究者として大切なのは、自分の心を柔らかく保ち、自身で制御できるよう人間力を鍛えること、また「自ら求める」心をもつことであると説く。また、研究に必要なのは、短期的に結果を出す研究開発とならんで、大学などにおいて自発的に行われる長期的な学術研究も同等に大切であると述べている。

ソフト・エッジ　ソフトウェア開発の科学を求めて

中島　震・みわ　よしこ　著

ISBN 978-4-621-05383-6

スマホから自動車、ＴＶから銀行ＡＴＭまで、便利で快適な生活を陰で支えるのが様々なソフトウェアだが、これに障害が起こると安全で安心な社会に支障をきたす。ソフトウェアの不具合がもたらすリスクを低減する研究を、欧米では超国家的規模で戦略的に推進している。ソフトウェアを支配する複雑さの本質を知ることが、21世紀のイノベーションを支えるテクノサイエンスの鍵なのである。本書では、ソフトウェアの真の姿を知るのに必要な事柄、リテラシーを様々な側面から紹介する。

これも数学だった!?　カーナビ・路線図・ＳＮＳ

河原林　健一・田井中　麻都佳　著

ISBN 978-4-621-05382-9

携帯電話やカーナビ、電力需給、物流、プロ野球の対戦スケジュール、ソーシャルネットワーク（ＳＮＳ）、さらには結婚問題に至るまで、じつにさまざまな分野に離散数学が応用されている。本書では、「離散数学」とその周辺の学問について、それがどのような学問で、どのような考え方の上に成り立っていて、私たちの生活にどれほど役に立っているのかということをわかりやすく伝える。

ウェブらしさを考える本 つながり社会のゆくえ

大向一輝・池谷瑠絵 著

ISBN 978-4-621-05381-2

ウェブは、いまから二十余年前にティム・バーナーズ＝リーというひとりの人物によってつくられた。現在に至り、ウェブはメディアとして、またコミュニケーション・ツールとして、それ以前にはなかった新しい価値観やルールを生み出し、現実世界に大きな影響を与えている。ウェブは本質的にどのような特徴を持っているのか。そして、私たちはそれをどのように使いこなすことができるのか。本書では、さまざまな角度から「ウェブらしさ」を考えてゆく。

ＩＤの秘密

佐藤一郎　著

ISBN 978-4-621-05380-5

我々が生きている現代社会はモノから人までＩＤが付けられている。そのＩＤは社会を映す鏡であり、ＩＤを知ることは社会を知ることになる。そして昨今のマイナンバー制度の議論のように、ＩＤを通じて社会を変えることもできるかもしれない。　本書では商品番号、社員番号、電子定期券（スイカやパスモ）など、身近にある様々なＩＤから、その秘密に迫る。

インターネットが電話になった

山田茂樹・橋爪宏達・藤岡淳・佐藤健　著

ISBN 978-4-621-05367-6

情報セキュリティと法制度

東倉洋一・岡村久道・高村信・岡田仁志・曽根原登　著

ISBN 978-4-621-05368-3

ユビキタス社会のキーテクノロジー

東倉 洋一・山本 毅雄・上野 晴樹・三浦 謙一　著

ISBN 978-4-621-05370-6

バイオ・情報の最前線

藤山 秋佐夫・根岸 正光・高野 明彦・安達 淳　著

ISBN 978-4-621-05371-3

デジタルが変える放送と教育

曽根原 登・新井 紀子・丸山 勝巳・山本 毅雄　著

ISBN 978-4-621-05372-0

考えるコンテンツ「スマーティブ」

本位田 真一・吉岡 信和・由利 伸子　著

ISBN 978-4-621-05374-4

c-Japan 宣言 情報を糧とした日本の未来ビジョン
曽根原 登・東倉 洋一・小泉 成史　著
ISBN 978-4-621-05376-8

ロボットのおへそ
稲邑 哲也・瀬名 秀明・池谷 瑠絵　著
ISBN 978-4-621-05377-5

石頭なコンピュータの眼を鍛える コーパスで人間の視覚にどこまで迫れるか
佐藤 真一・齋藤 淳　著
ISBN 978-4-621-05378-2

からくりインターネット アレクサンドリア図書館から次世代ウェブ技術まで
相澤 彰子・内山 清子・池谷 瑠絵　著
ISBN 978-4-621-05379-9